U0155596

教育部人文社会科学重点研究基地四川大学南亚研究所
教育部区域和国别研究培育基地四川大学南亚研究中心
四川大学南亚研究所印度洋研究项目
"印度洋研究"丛书

# 印度海洋政策新探索
## ——以印度洋和北极为例

刘　迁　蒋　敏　曾维维　著

国际文化出版公司

·北京·

**图书在版编目（CIP）数据**

印度海洋政策新探索 ：以印度洋和北极为例 / 刘迁，蒋敏，曾维维著 . -- 北京：国际文化出版公司 ,2022.12
ISBN 978-7-5125-1455-3

Ⅰ．①印… Ⅱ．①刘… ②蒋… ③曾… Ⅲ．①海洋开发－政策－研究－印度 Ⅳ．① P74

中国版本图书馆 CIP 数据核字 (2022) 第 161674 号

印度海洋政策新探索——以印度洋和北极为例

| | |
|---|---|
| 作　者 | 刘　迁　蒋　敏　曾维维 |
| 统筹监制 | 吴昌荣 |
| 责任编辑 | 曾雅萍 |
| 品质总监 | 张震宇 |
| 出版发行 | 国际文化出版公司 |
| 经　销 | 全国新华书店 |
| 印　刷 | 北京虎彩文化传播有限公司 |
| 开　本 | 710 毫米 ×1000 毫米　　16 开 |
| | 11.75 印张　　　　　　200 千字 |
| 版　次 | 2022 年 12 月第 1 版 |
| | 2022 年 12 月第 1 次印刷 |
| 书　号 | ISBN 978-7-5125-1455-3 |
| 定　价 | 68.00 元 |

国际文化出版公司
北京朝阳区东土城路乙 9 号　　　　邮编：100013
总编室：（010）64270995　　　　传真：（010）64270995
销售热线：（010）64271187
传真：（010）64271187-800
E-mail: icpc@95777.sina.net

# 目　录

# 总序

　　海洋是生命的摇篮,风雨的故乡,资源的宝库,战略的关键。印度洋沟通三个大陆和两个大洋,是当代世界地缘政治与地缘经济的焦点,是大国海上博弈的舞台,也是海上非传统安全问题表现最集中的地域,其地缘格局极为独特。将印度洋与太平洋和大西洋相互对比可知,印度洋与其他两大洋的实质区别在于其更强烈的"大陆性",即更易受陆地上权力格局变动的影响,具体体现在三个方面:第一,印度洋在东、西、北三面均分布有大国势力,而大西洋和太平洋周边的大国势力只分布在东西两侧。第二,与太平洋和大西洋较分散的航线分布相比,印度洋的航线分布严重偏向北侧,导致印度洋战略空间大大收窄,周边大国的力量投送和影响力扩张也变得更为容易。第三,由于以上两点,分布在印度洋东西两侧的若干咽喉要地便可较为容易地将印度洋封锁起来,这些地区由此具备了极为突出的战略价值。将这些咽喉要地自西南方按顺时针方向罗列,包括好望角、非洲之角、红海、曼德海峡、斯里兰卡附近水域、马六甲海峡、巽他海峡和龙目海峡等,而红海、曼德海峡和马六甲海峡尤为重要。

　　近年来,印度洋安全环境加速变动,主要涉及四个方面:首先是印度洋战略地位持续提升;其次是传统安全与非传统安全交织,大国角逐等传统安全问题回归;再次是非传统安全问题的战略重要性凸显;最后是地区治理结构破碎,多个海洋合作倡议呈竞争性发展,不确定性加大。这里重点说一下前两点。

　　印度洋战略地位的提升是二战后国际战略领域的重要历史现象。世界近代史的海洋重心在于地中海和大西洋,二战后亚太地区迅速发展,印度洋的重要性也逐步凸显。沟通太平洋和大西洋,在现代能源政治中的枢纽地位,区内大国群体性崛起是印度洋的三大战略重要性。实际上,印度的崛起在印度洋地区并不是孤立现象:大国潜力日渐显现的不仅有印度,还有更东侧的印度尼西亚(以下简称"印尼"),以及早已成为发达国家的澳大利亚。印尼是东南亚第一人口大国(2018 年人口达到 2.6766 亿)和经济大国,其经济发展水平并不低,总量也相当大。澳大利亚既是太平洋国家又是印度洋国家,其实力长期没有得到充分重视。以下仅以一组数据来说明三个国家的经济发展水平。根据世界银行提供的世界各国 2018 年国内生产总值数据(以现值美元计),印度为 2.726 万亿美元,印尼为 1.042 万亿美元,澳大利亚为 1.432 万亿美元;按购买力平价计则分别为 10.498 万亿、3.495 万亿和 1.290 万亿美元;按现值美元计算的人均国内生产总值分别为 2016 美元、3894 美元和 57305 美元;2018 年的国内生产总值增长率分别为 6.982%、5.171% 和 2.835%。[①]不难发现,印尼的国内生产总值总量虽小于印度,人均水平却接近印度的两倍;其近期增速虽低于印度,总体表现仍可称为优秀。就长时段表现而言,印尼在 1997—1998 年亚洲金融危机前的增长率长期明显高于印度,1998 年之后的总体增速虽低于印度但稳定性更好,20 年来大致维持在 5%~6% 之间,而印度既有 3.09% 的增速,也有 8.50% 左右的增速。[②]不难看出,大国的群体性崛起已成为印度洋地区的一大特征,必将进一步加大印度洋地区在世界政治中的分量。

印度洋地区的传统安全问题与非传统安全问题交织,错综复杂。冷战结束以来,全球和印度洋地区的海洋安全总体上呈现传统安全挑战相对下降,非传统安全问题相对凸显的特征。一般认为海上非传统安全包括海上恐怖主义、海盗活动、海上武器走私、海上毒品走私、海上人口贩卖、气候变化等,前两者的暴力性突出,在非传统安全问题中最接近传统安全问题,其他挑战则与传统安全问题差异较大。

---

① 参见世界银行数据库:https://data.worldbank.org/indicator/NY.GDP.MKTP.CD?locations =IN-ID-AU, https://data.worldbank.org/indicator/NY.GDP.MKTP.PP.CD?locations=IN-ID-AU, https://data.worldbank.org/indicator/NY.GDP.PCAP.CD?locations=IN-ID-AU, https://data.worldbank.org/indicator/NY.GDP.MKTP.KD.ZG?end=2018&locations=IN-ID-AU&start=1961&view=chart。(2019 年 10 月 27 日访问)

② 参见世界银行数据库:https://data.worldbank.org/indicator/NY.GDP.MKTP.KD.ZG?end=2018&locations=IN-ID&start=1961&view=chart。(2019 年 10 月 27 日访问)

反政府武装一度是印度洋地区海上恐怖活动最活跃的主体,但恐怖组织的海上袭击自20世纪最后阶段以来逐渐增加,逐步超过了反政府武装的影响力。此后,由于各国加大对反政府武装和分离主义势力的应对力度,美国持续开展"反恐"战争,各国加强反恐力量和海岸安全建设,印度洋地区的海上恐怖活动逐步得到控制,威胁明显下降,但仍远未平息。

印度洋地区的海盗活动一度极为猖獗。与海上恐怖主义类似的是,在20世纪90年代,很多海盗活动都与反政府武装关系密切。但到21世纪第一个10年的后期,政治色彩较为淡薄而经济色彩浓厚的海盗活动迅速恶化,成为对印度洋海上安全的一大威胁。尽管索马里海盗问题现已得到明显遏制,但人们仍不确定这是否只是一种暂时现象,审慎对待仍有必要。

自21世纪10年代以来,印度洋地区安全局势又出现新的发展趋势,即海上恐怖主义和海盗等具有暴力性的非传统安全挑战逐步受到较为有效遏制,而大国角逐等传统安全问题重新上升。其原因:一是由于区内和周边国家包括印度、印尼、中国等迅速发展,其海上实力也随之迅速增长,一些大国势力如英、法、俄也在设法"重返"印度洋;二是因为各国应对恐怖主义和海盗活动等非传统安全挑战的活动互不衔接,加大了相互疑虑;三是周边特别是中东地区局势进一步趋于动荡,特别是也门内战、叙利亚危机、伊朗危机等问题严重加剧了本地区的安全竞争;四是印度洋地区的大国竞争加剧。

上述背景之下的印度洋,无疑已经成为国际政治的重要问题,针对印度洋问题开展持续而深入的研究可谓势所必须;对国力迅速提升,海权快速发展的中国来说,更是一种必然的选择。四川大学南亚研究所印度洋研究项目近年来持续关注印度洋问题特别是印度海权发展,已取得一批学术成果,初步培育了一支富有活力的研究团队。在前期工作的基础上,课题组决定更进一步,组织编撰一套《印度洋研究丛书》,由南亚研究所曾祥裕任丛书主编。丛书宗旨是汇集一批研究印度洋问题的新著,剖析印度洋安全局势的新变化与新发展,分析其对国际安全与发展及中国国家利益的复杂影响,主要收录关注印度洋战略安全领域的研究性原创专著,也收录部分有较高学术水平的译著。目前,已纳入出版计划的有《中印海上安全合作研究》和《当代印度海洋战略研究》等书,《印度海洋安全战略研究》和《中印海上交流与合作:从历史到现实》等书也将陆续推出。我们希望秉持中国立场、南亚支点、印度洋关切的编撰原则,借助这套丛书,凝聚集体智慧,打通研究壁垒,推动印度洋研究的跨越式发展,促进这一海域的安宁、和平与发展,助力中国海权的持续提升。

近年来,中国提出的"21世纪海上丝绸之路"建设在印度洋地区稳步推进,2017年又进一步明确要合作建设中国—印度洋—非洲—地中海蓝色经济通道,"人类命运共同体"的思想为构建跨越印度洋和太平洋的"海洋命运共同体"发挥了重要引领作用,凡此种种均进一步凸显了印度洋对中国未来发展的重要作用。协力推动印度洋研究的跨越式发展,此其时也。愿与学界朋友为此共同努力。

南亚研究所"印度洋研究"课题组
2020 年 5 月 22 日

# 绪论

　　1958年3月28日,印度总理尼赫鲁在"迈索尔"号巡洋舰甲板上发表演讲,表示"印度决不能在海上软弱,……历史证明,谁控制了印度洋,印度的海上贸易乃至独立都会任其摆布"。[①]2015年,时任印度海军参谋长 R. K. 多万( R. K. Dhowan )上将在《确保海洋安全:印度海洋安全战略》( Ensuring Secure Seas: Indian Maritime Security Strategy )引言中写道:"毫无疑问,21世纪是印度的海洋世纪,海洋将继续是印度在全球崛起的关键因素"。[②]跨越印度共和国史的这两份宣言都表明了同一个主题,即海洋是印度安全和发展的保证,印度必须拥有强大的海权。在这一认知的支持下,独立以来的印度政府一直积极争取将对印度洋地区的影响力最大化。早在1961年,当时还十分贫弱的印度便从英国购买了"维克兰特"号航母,成为二战后第一个拥有航母的亚洲国家。1968年,时任印度海军参谋长 A. K. 查特吉甚至以夸张的语气宣称:"印度海军在英国撤出苏伊士运河以东后,将完全掌握印度洋事务"。[③]由于美国与苏联竞相介入印度洋地区,印度海军无力实现查特吉所宣称的目标,不得不转而支持"印度洋和平区"倡议,以排斥超级大国进入印度洋。冷战结束后,国际格局巨变,印度的实力也明显提升,印度转而逐步采取积极进取的海洋战略:一方面利用外交、军事、经济

---

① Stayindra Singh, Blueprint To Bluewater: The Indian Navy 1951-1965, New Delhi: South Asia Books, 1992, p.1.

② Ensuring Secure Seas: Indian Maritime Security Strategy, Integrated Headquarters, Ministry of Defence (Navy), 2015, p. i.

③ 宋德星:《印度海洋战略研究》,北京:时事出版社,2016年版,第178页。

5

等手段主动出击,不断扩大对印度洋地区安全与经济事务的话语权,巩固其作为海洋大国的基本盘;另一方面则超越印度洋基本盘并扩大海洋视野,加大对全球其他海域的资源投入,不断拓展海上活动的边界。

尼赫鲁和多万观点的差异也说明了印度海洋政策在冷战结束后的变化。尼赫鲁的演讲着眼于安全问题,强调掌控印度洋对印度国家安全的关键意义。多万较此更进一步:一方面强调海权不但关涉印度国家安全,而且是印度崛起为全球性大国的重要支撑;另一方面,既然涉及全球大国概念,印度的视野就不能再局限于印度洋,而要投向更广阔的全球海域。海洋意识的变化也带来了相应的政策变化。印度海军于 2007 年发布《自由使用海洋:印度海洋军事战略》( *Freedom to Use the Seas: India's Maritime Military Strategy* ),强调印度的首要利益区集中于印度洋,次要利益区才涉及南中国海和西太平洋等域外海区。[①] 而在印度海军 2015 年发布的《确保海洋安全:印度海洋安全战略》中,印方界定的主要利益区不仅包括印度洋几乎全部海域,还包括"其他涉及我们海上航线及关键能源与资源利益的海域",次要利益区则包括"中国以南和以东海域、西太平洋及上述海域的毗连海区","地中海、西非海岸及上述海域的毗连海区",以及"其他涉及印度海外移民、海外投资和政治关系等国家利益的海区"。[②] 值得注意的是,"其他涉及印度国家利益的海区"这一含糊表述为印度海洋政策提供了相当大的灵活性,并为印度参与全球海洋事务提供了政策支持。

在海洋政策视野大幅扩张的背景下,印度在曼·辛格和莫迪执政时期逐渐开始积极参与其他海区事务。在西太平洋地区,印度在美国支持和怂恿下加强对南海事务的介入,强化与菲律宾、越南、日本等国的海上安全合作。在北极海域,印度加强了与北极国家的合作,于 2013 年成为北极理事会永久观察员国,并在北极地区建设了科考站。2008 年,印度与巴西、南非启动"印度 – 巴西 – 南非"三方海军联合演习( Ex IBSAMAR )。此外,印度还分别与英法两国在北大西洋和地中海进行了"康坎"( Konkan )和"伐楼拿"

---

① *Freedom to Use the Seas: India's Maritime Military Strategy*, Integrated Headquarters, Ministry of Defence (Navy), 2007, p. 60,原文为东太平洋而不是西太平洋,但根据印度的政策实践及此后所发布的一系列文件,此处应该是笔误所致。

② *Ensuring Secure Seas: Indian Maritime Security Strategy*, Integrated Headquarters, Ministry of Defence (Navy), 2015, p. 32.

（Varuna）年度海军演习。不难发现，印度正试图在全球主要海域建立影响力，打造全球海洋大国形象。

随着印度在全球海域活动的增加，问题也随之而来。首先，印度如何在全球不同海域塑造影响力，其中是否有一以贯之的逻辑或政策路径；其次，印度仍是一个较为贫弱的国家，面对资源有限的局面，印度如何平衡对不同海域的资源投入。厘清上述问题对准确认识印度如何建设海洋大国这一重要议题有颇为重要的意义。为此，本研究以印度在印度洋的非传统安全政策和印度的北极政策为对象，借助案例研究的方式探究上述问题。之所以选择印度在印度洋和北极地区的政策，主要是由于印度对这两个地区的参与既有明显的共性，又有显著差异，有利于进行对比研究。

就印度的印度洋和北极参与而言，其共性集中于两点：一是从国际法原则来看，印度洋和北极大部分海域均为"全球公地"；二是印度洋和北极均面临较为严峻的区域治理问题，且无论是印度洋地区的非传统安全问题，还是北极地区的气候变化和环境变迁问题，均具有"全球问题"属性，与印度的利益密不可分。两者的差异性主要表现为三点：一是印度洋是印度最为重视的海域，是印度建设海洋大国的基本盘，在独立后相当长一段时间里，印度战略话语体系中的"海洋"在很大程度上指的就是印度洋；而印度参与北极事务起步较晚，直到2013年才发布一份名为《印度与北极》的简短文件作为印度参与北极的指导纲领，[1]到2022年3月17日才发布题为《印度与北极：建立可持续发展伙伴关系》的政策文件。[2]二是印度本身是印度洋国家，且居于印度洋北岸中心位置，地理位置优越；而北极则被欧亚大陆分隔，距离遥远。三是北极周边国家发展水平高，综合实力强；相对而言，印度洋周边国家发展水平较低，治理能力普遍较弱。这就决定了印度在两个区域所扮演的角色迥然不同：印度在北极地区只能是一般性的参与方，而在印度洋地区却可成为公共产品的净提供者。

社会科学研究几乎不可能以实验的方式精准控制变量，但印度在印度

---

① 郭培清、董利民：《印度的北极政策及中印北极关系》，《国际论坛》，2014年第5期，第17页。

② "Union Minister Dr. Jitendra Singh releases India's Arctic Policy in New Delhi today," Mar 17, 2022, *Press Information Bureau of Indian Government*, https://www.pib.gov.in/PressReleasePage.aspx?PRID=1806993.

洋和北极地区政策行为的上述特点仍为对比研究提供了条件,使得我们能借此来探索印度的海洋大国政策。就共性而言,两地区强烈的"全球公地"属性为印度提供了参与空间,区域治理则为印度提供了参与的理由和抓手。上述共性使印度参与印度洋和北极事务均具备充分的合理性和便捷渠道,剩下的问题就是,印度是否有意愿参与区域事务,又会以什么样的方式参与区域事务。就差异性而言,印度对印度洋地区的参与起步早、根基深、优势明显,而对北极地区的参与则起步晚、根基浅、无显著优势。印度洋是印度海洋大国建设的"老区",北极海域则是印度海洋大国建设的"新区"。通过对比研究,可以探索印度在"老区"和"新区"拓展海洋空间的政策及其差异,进而探究印度的海洋大国政策。

## 研究内容及文献综述

本研究分为两编。第一编的撰写及全书的整合工作由刘迁完成,第二编由蒋敏和曾维维两位作者撰写。第一编探讨印度如何通过应对印度洋非传统安全问题并实践其海洋安全战略,谋取在印度洋的优势地位。第二编分析印度的北极政策,探讨印度的北极观及其参与北极事务的领域和具体途径。第一编的主题来自时代背景与印度海洋战略的联动。冷战结束以前,马汉的理论很大程度上支配了世界各国关于海洋安全的观念。在这一理论下,海洋安全指的就是传统军事安全。20 世纪末以来,非传统安全问题日益凸显,海盗、海上自然灾害、武器走私、海洋污染等问题越来越严重地威胁着沿海国。非传统安全问题具有跨国性,这就为国际合作创造了空间,非传统安全合作也成为国家扩展影响力的一种途径。与应对传统安全挑战一样,有效应对非传统安全挑战也对国家的权力和利益有极大的促进作用。与此相应,冷战后时代的印度海军也越来越重视非传统安全:印度海军强调,印度洋地区发生传统海上战争的可能性较小,非传统安全问题已成为印度洋地区目前面临的首要安全问题。[①]为了有效应对非传统安全威胁并扩展国家影响力,印度海军无论是认识上还是实践上都非常重视与海域内外国家

---

① *Freedom To Use The Seas: India's Maritime Military Strategy*, Integrated Headquarters, Ministry of Defence (Navy), 2007, p. iv.

的非传统安全合作。忽视了这一领域,就难以全面认识印度海洋安全战略。

需要指出的是,非传统安全是一个极具张力的概念,其边界之模糊、类别之繁多使得人们很难给出准确的定义。①本书所使用的非传统安全范畴来自印度海军 2015 年发布的《确保海洋安全:印度海洋安全战略》。根据该文件,印度海军认为,印度洋目前面临的非传统安全威胁主要包括:海上恐怖主义,海盗和武装劫船,不受管制的海上活动,私人安保扩散,气候变化和自然灾害,以及非法、未报告且不受管制的捕鱼活动。②

目前,关于印度洋的海上非传统安全问题,专门研究仍然较少,已有研究主要是将其作为印度洋整体安全的一个子课题略加论述。一些学者研究了非传统安全问题对印度海洋安全战略塑造的影响。如拉贾·莫汉认为,国家安全紧迫性同海洋运输脆弱性之间的张力迫使印度将海军从近岸防御力量向远洋扩张转化。③宋德星也认为,印度洋地区严峻的非传统安全形势对印度的能源和航运安全造成了严重威胁,印度海军发展战略也因此向建立能进行多样化任务的蓝水海军的方向转变。④美国海军战争学院的詹姆斯·R. 福尔摩斯、吉原恒淑、安珠·C. 温特也从经济安全角度出发,认为分配海军资源保护从欧洲、中东到亚洲的关键航道安全,是印度建立印度洋主导地位需关注的要点之一。⑤

为应对非传统安全挑战,印度在印度洋的不同区域采取了有区别的行动。在西北印度洋方面,观察家研究基金会的高级研究员阿比季特·辛格（Abhijit Singh）认为,为了应对中国在海湾地区不断扩大的战略影响力,实践其"净安全提供者"战略,印度加强了与中东国家在非传统安全领域的互

---

① 《重塑"安全文明":非传统安全研究——余潇枫教授访谈》,《国际政治研究》2016 年第 6 期。

② *Ensuring Secure Seas: Indian Maritime Security Strategy*, Ministry of Defence, Government of India, pp.37-43.

③ [印]拉贾·莫汉:《中印海洋大战略》,朱宪超、张玉梅译,北京:中国民主法制出版社,2014 年版,第 32—39 页。

④ 宋德星:《印度海洋安全战略》,北京:时事出版社,2016 年版,第 328—330 页。

⑤ [美]詹姆斯·R. 福尔摩斯、[美]吉原恒淑、[美]安珠·C. 温特:《印度二十一世纪海军战略》,鞠海龙译,北京:人民出版社,2016 年版,第 66 页。

动,有效扩大了印度在该地区的战略影响力。[①]同样来自观察家研究基金会的卡比尔·塔尼加(Kabir Taneja)则表示,在"伊斯兰国"和其他武装分子对印度石油航线的威胁面前,印度目前仍然无力保护其在中东的利益,认为未来的印度必须加强与海湾国家的双边安全关系,这样才能有效应对包括非传统安全挑战在内的各种威胁。[②]

关于西南印度洋,大卫·布鲁斯特认为,印度通过与塞舌尔和毛里求斯两国开展非传统安全合作,获得了极大的政治和安全收益,不仅与两国建立了特殊关系,甚至还具备了积极塑造地区态势的能力。[③]刘立涛和张振克认为,莫迪政府在"萨加尔"(SAGAR, Security and Growth for All in the Region)战略指导下正设法与地区和国家在海上非传统安全领域建立较密切的合作关系,但印度能力不足、政策连续性不足、域外大国对印度洋权力竞争激烈、非洲国家也追求独立自主等四点因素限制了印度的发挥空间。[④]印度在大洋另一侧即东南亚地区的政策也引起较多关注。达尔尚·布鲁阿(Darshana M. Buruah)认为,印度与东南亚国家已建立较密切的海上非传统安全合作;印度以受信任行动者的身份,被东南亚国家接纳为地区和平与稳定的维护者,这不仅有利于印度更好地维护自身利益,更使其谋求地区态势平衡者的角色成为可能。[⑤]

印度在南亚地区的海上非传统安全合作对象主要是斯里兰卡和马尔代夫。关于印马安全合作的论述颇多,四川大学南亚研究所的王娟娟副研究员认为,加强国防和海洋安全合作是印马关系强化的重要表现,印度也试图

① Abhijit Singh, "India's middle eastern naval diplomacy," Observer Research Foundation, Jul. 28, 2017, https://www.orfonline.org/research/india-middle-eastern-naval-di-plomacy/#:~:text=India%E2%80%99s%20recent%20naval%20diplomatic%20forays%20in%20the%20Middle,to%20strengthen%20maritime%20cooperation%20across%20the%20Asian%20littorals.

② Kabir Taneja, "Protecting India's interests in the Middle East: Militancy and non-state actors," Observer Research Foundation, *commentaries*, Apr. 07, 2017.

③ [澳]大卫·布鲁斯特:《印度之洋——印度谋求地区领导权的真相》,杜幼康、毛悦译,北京:社会科学文献出版社,2016年版,第104、111、112页。

④ 刘立涛、张振克:《"萨加尔"战略下印非印度洋地区的海上安全合作探究》,《西亚非洲》,2018年第5期。

⑤ Darshana M. Buruah, "India-Asean naval cooperation: An important strategy," Ho Chi Minh National Academy of Politics, Dec. 27, 2018.

通过印马海洋安全合作加强在南亚和印度洋地区的优势地位。①印度学者一般不会直言非传统安全合作如何影响印马关系,却将非传统安全合作视为双边关系的晴雨表。国防分析研究所的阿南德·库马尔(Anand Kumar)分析了在加尧姆、纳希德、瓦希德、亚明四位总统任职期间,印马两国如何通过对非传统安全合作的安排表达各自对双边关系的看法。他认为,印马海洋安全合作是印度洋中部海域安全的重要保障,马方则视印度为能够保证其安全的战略伙伴,马方安全问题的演变与印方的利益也有重大关联,印方不可能对此表示冷漠。②印度与斯里兰卡的海上安全合作也引起了较多关注。大卫·布鲁斯特认为,由于担心中国扩大在斯影响力,印度从2004年起大幅增加对斯军援;但2009年"猛虎"组织覆亡后,斯方对印援需求大幅降低,自主愿望明显提升,开始有意控制两国安全合作的规模。③

目前,学界对印度北极政策的研究仍处于初步阶段,专著和论文都不多,论述总体也较简单。综合来看,目前研究主要集中在以下几个方面:

第一是关于印度北极地缘政治的研究。印度研究多强调北极冰川消融带来的地缘政治变化,以及这种变化对印度的影响。中国研究则更关注印度参与北极事务的地缘政治动机。综合来看,中外研究均将地缘政治竞争作为印度参与北极事务的重要动因。国防分析研究所的乌塔姆·库玛尔·辛哈(Uttam Kumar Sinha)和阿尔文·古普塔(Arvind Gupta)强调北极战略价值不断上升,正推动其成为21世纪地缘政治竞争的潜在热点,认为印度需关注北极地区的大陆架和水域争端,特别要关注俄罗斯与中国的北极外交动向。④一些研究表明"北进"北极地区是印度大国战略的重要组成部分,有助于提升其国际话语权,中国因素是印度海洋战略和地缘战略的重要考量。如观察家研究基金会研究员德维卡·南达(Devikaa Nanda)认为,印度无法忽视北极地缘政治的变化。北极的变化可能使得海上贸易重心由印度洋转移至北极,印度对华战略可能因此受挫,北极也可能成为中印冲突与竞

① 王娟娟:《马尔代夫亚明政府内政外交评析》,《南亚研究季刊》,2016年第3期。

② Anand Kumar, "India-Maldives Relations: Is the Rough Patch Over," *Indian Foreign Affairs Journal*, Vol. 11, No. 2.

③ [澳]大卫·布鲁斯特:《印度之洋——印度谋求地区领导权的真相》,杜幼康、毛悦译,北京:社会科学文献出版社,2016年版,第80、81页。

④ Uttam Kumar Sinha, Arvind Gupta, "The Arctic and India: Strategic Awareness and Scientific Engagement," *Strategic Analysis*, Vol. 38, No. 6, 2014.

争的新舞台。①

第二是关于印度北极政策中资源开发与能源安全要素的研究。研究普遍承认,北极地区蕴藏着大量未开发的油气资源,对其开发利用有助于缓解全球能源短缺,印度参与北极事务也有能源安全方面的考量。例如,具有印度军方背景的知名智库国家海洋基金会的普里亚·库玛莉(Priya Kumari)认为,印度进入北极理事会为印度与北极国家合作探索碳氢化合物提供了机会,有助于实现印度的能源多样化,减少对中东地区的依赖。②时宏远、宋国栋、郭培清等人也认为,印度能源需求不断增长,气候变暖使得北极能源开发的可能性上升,为缓解能源紧张,印度势必积极关注甚至会争取参与北极的能源开发。③值得注意的是,来自印度的研究虽基本认同北极资源开发有助于印度能源安全的看法,但多数研究强调,从北极的商业化和工业化中受益最多的是北极国家,印度虽可有一定获益,但效果并不会很明显。

第三是对印度北极政策中有关北极航线的研究。印方研究多认为,北极新航道的开辟不能给印度带来实际利益,负面影响很可能会大于正面效应。如退役海军中校尼尔·加迪霍克(Neil Gadihoke)指出,北极海上航线是连接北大西洋和太平洋的最短航线,由于北极通航的可行性和安全性,印度洋的运输业务将来有可能转移到北极,印度会被迫重新考虑其长期的海洋发展战略规划。④乌塔姆·库马尔·辛哈也指出,北极航线前景可期,但印度恐难以从中获益。⑤

第四是关于印度北极科学与环境政策的研究。一些研究认为,印度在其北极活动中不断强调科学和环境取向,加强科学软实力,以提高印度在北极治理乃至全球治理中的话语权,是印度软实力外交的重要体现。如格威

① Devikaa Nanda, "India's Arctic Potential," Observer Research Foundation, February 2019.

② Vijay Sakhuja and Gurpreet S Khurana et al. eds., *Arctic Perspectives*, New Delhi: National Maritime Foundation, 2015.

③ 参见宋国栋:《印度北极事务论》,《学术探索》,2016年第6期。郭培清、董利民:《印度的北极政策及中印北极关系》,《国际论坛》,2014年第5期。时宏远:《试析印度的北极政策》,《南亚研究季刊》,2017年第3期。

④ Neil Gadihoke, "Arctic Melt: The Outlook for India," *Maritime Affairs: Journal of the National Maritime Foundation of India*, Vol. 8, No. 1, Summer 2012.

⑤ Uttam Kumar Sinha, *Climate Change Narratives: Reading the Arctic*, New Delhi: Institute for Defence Studies and Analyses, September 2013.

尔（Alexander Engedal Gewelt）注意到,大多数印度学者强调印度在北极研究的主要目标是追求科学,这在印度官方发布的文件中也有明确体现;印度研究极地科学已有多年,借助科学研究参与北极事务有助于提升印度在北极事务的话语权;广而言之,包括极地科研在内的科学外交已经成为印度软实力战略的一部分。[①]还有分析强调,在北极科研和环保领域,中印两国存在共同的利益和目标,应当加强合作。如德维卡·南达指出,北极地区与气候变暖关系密切,而气候变暖既与印度洋季风密切相关,也影响到作为世界"第三极"的喜马拉雅地区。因此,中印可就气候变化对喜马拉雅地区的影响进行合作,实现双赢。[②]

---

[①]  Alexander Engedal Gewelt, "India in the Arctic: Science, Geopolitics and Soft Power," University of Oslo, Spring 2016.

[②]  Devikaa Nanda, "India's Arctic Potential," Observer Research Foundation, February 2019.

# 第一编　非传统安全视域下
印度的印度洋战略

# 第一章　印度"印度洋战略"中
# 非传统安全议题的兴起

印度是陆海复合型国家,"向陆"或"向海"的选择一直是印度国家安全战略的内在张力。随着地缘政治和地缘经济形势的变化,印度逐渐成为印度洋海权的追逐者。要成为地区领导者,不仅要拥有强大的实力,还要提供公共安全产品,借此建立威信。目前,印度洋并不存在迫在眉睫的大国战争风险,但遍布印度洋主要海域的海盗、海上恐怖主义、生态破坏、自然灾害等非传统安全问题已成为非常现实的挑战。因此,为了维护印度海洋环境,为了建立威信并实现"净安全提供者"的自我定位,印度海军自21世纪以来开始积极关注非传统安全问题。

## 第一节　印度"印度洋战略"的历史变迁

自立国以来,印度洋海权便一直得到印度精英人士的重视。由于时代的局限性,印度洋海权理念的实践在不同历史时期也呈现出不同的特征。

### 一、冷战时期印度的印度洋战略

20世纪70年代以前,印度洋的实际控制者是英国海军,印度没有任何能力挑战英国地位。独立初期的印度海军直接继承于英属印度海军,与英国海军有千丝万缕的联系。当时颇为落后的印度经济又导致其国防预算非常紧张,有限的预算还要优先满足与巴基斯坦对抗的需求,海军建设很难得到足够资源。总之,对于早期印度领导人而言,接受"英国治下的和平"是无可奈何的选择。[①]

---

① 郭丹凤:《印度海洋安全力量的历史发展》,《东南亚南亚研究》,2015年第4期,第23页。

1971年,英国从苏伊士运河以东撤出军事力量,美国和苏联竞相向印度洋扩张影响力。印度政府认为,超级大国的争夺已对印度的安全构成巨大威胁。当时的印度经济与独立之初相比已不可同日而语,巴基斯坦也已被肢解,但印度的实力仍远不足以挑战美国和苏联在印度洋的霸权。在这一背景下,印度政府又积极支持建设"印度洋和平区"的倡议,希望借助国际舆论和域内国家的团结,阻止超级大国对印度洋的介入。①

总而言之,20世纪90年代以前,虽然获取印度洋海权的想法一直存在于尼赫鲁和潘尼迦等印度精英人士的思想中,但受制于国力弱小和陆地边界的安全压力,印度的海权追求总体上不得不相对克制,其海军建设的主要目标是保卫印度海岸线并打击敌对的巴基斯坦海军,而不在于获取超越南亚的政治权力,全印度洋的安全问题并非当时的印度海洋战略所考虑的重点内容。直到20世纪90年代以后,随着实力上升和边境安全压力的缓解,印度才得以腾出力量,将追求海权的理想转化为实践,其海洋战略的地理界限逐步超越南亚范围并扩大到全印度洋。到2004年,印度总理曼莫汉·辛格在谈论安全战略议题时已公开强调:"我们的战略考虑应该包含整个印度洋,明白这个事实就可以指导我们的战略思考和防务计划"。②

**二、新世纪印度的印度洋战略**

在2007年发布的《印度海洋军事战略》中,印度海军将印度洋划分为主要利益区和次要利益区,主要利益区包括印度东西两侧的阿拉伯海和孟加拉湾;印度洋与外部海域连接的关键通道——好望角、马六甲海峡、曼德海峡;波斯湾和霍尔木兹海峡;印度洋岛国;印度洋地区的关键航线——这些都是印度海军必须控制的海域。次要利益区包括南印度洋、红海、南中国海和东太平洋等。这些海域暂时不能为印度海军所顾及,但考虑到次要利益区和主要利益区的密切相关性,印度海军认为应做好在这些海域发挥影响力的准备。③由此可见,新世纪印度的印度洋战略核心在于主导印度洋,

① 宋德星:《印度海洋战略研究》,北京:时事出版社,2016年版,第95—100页。
② 王历荣:《印度海洋安全战略及其对中国的影响》,《印度洋经济体研究》,2018年第4期,第56页。
③ *Freedom to Use the Seas: Indian Maritime Military Strategy*, Ministry of Defence, Government of India, p. 58, p. 59.

强调以强大、平衡的海军力量,主动塑造地区事态,力图形成掌控印度洋的局面,继而在此基础上向印度洋毗邻地区辐射影响力。[①]

有学者将印度海军控制印度洋的意图称为印度版的"门罗主义"。[②]门罗主义的海洋思想在尼赫鲁时期就存在,后来又得到历任印度领导人的贯彻和发展,只不过由于印度实力所限,其实践长期局限于南亚地区。21 世纪以来,随着国力逐步增强,印度希望把门罗主义的实践范围扩展到全印度洋,使印度洋真正成为印度的印度洋。不过,文字描述得强硬并不代表印度海军的实践方式同样强势,一些分析认为印度并不希望成为恶霸,而是希望成为友好的公共产品提供者,借此行使领导权,还希望这种领导权能得到其他国家认可。[③]

《印度海洋军事战略》主要关注国家行为体之间的军事对抗,非常强调海洋控制( sea control )、海洋拒止( sea denial )、威慑( deterrence )、干预( intervention )和冲突( conflict )等概念,但也开始关注由于政治失序、经济落后、宗教和部族冲突而在印度洋沿岸导致的不稳定,以及这种不稳定向海洋扩散的严重后果。印度海军认为,印度必须承担起地区责任和全球责任,必须通过与域内海军的密切合作,加强海洋安全,打击海洋恐怖主义、海盗、海上非法交易等海洋犯罪活动,通过这种友好的警察行动和防务合作,加强与域内国家的友好关系,塑造良好的地区形象。[④]

### 三、莫迪政府对印度"印度洋战略"的调整

莫迪政府执政后,印度的"印度洋战略"在继续坚持"门罗主义"的基础上进行了较大调整。2015 年发布的《印度海洋安全战略》主调依然强调对印度洋的控制,确保敌对国家不能利用印度洋来损害印度的国家利益,但也呈现出一些新特点,主要有三大变化:

第一是对印度洋地区的战略再定位。在新版海洋安全战略中,印度的

---

① 宋德星:《印度海洋战略研究》,北京:时事出版社,2016 年版,第 185 页。

② [美]詹姆斯·R.福尔摩斯、[美]安珠·C.温特、[美]吉原恒淑:《印度 21 世纪海军战略》,鞠海龙译,北京:人民出版社,2016 年版,第 70 页。

③ [澳]大卫·布鲁斯特:《印度之洋——印度谋求地区领导权的真相》,杜幼康、毛悦译,北京:社会科学文献出版社,2016 年版,第 44、283 页。

④ *Freedom to Use the Seas: Indian Maritime Military Strategy*, Ministry of Defence, Government of India, p. 40, p. 41.

首要利益区覆盖了除南印度洋以外的印度洋全部海域,新增了亚丁湾、安达曼海、阿拉伯海、西南印度洋等海域,以及印度洋以外的红海、巽他海峡和龙目海峡。①换言之,印度洋几乎全部海域都被纳入印度的主要利益区,从而也全部上升为印度必须控制的战略基本盘,表明印度希望追求对印度洋更强有力的控制。

第二是战略定位的变化。2007 年版的战略文件名为《印度海洋军事战略》,而 2015 年版的战略文件名为《印度海洋安全战略》,题名的变化反映了印度对自身战略定位的认知转变:前者强调控制,主要用军事手段保护印度的海洋利益;而后者则强调利用综合手段维护区域安全,将印度定义为印度洋地区"净安全提供者"及安全环境的"塑造者",强调通过军事、外交以及地区安全合作等综合手段推进印度的海洋战略。②2015 年 3 月,莫迪总理在访问毛里求斯期间提出了"萨加尔"战略,指出印度将致力于整个印度洋地区的安全和增长,其地区警察的思想得到充分表达。③

第三是战略内涵的丰富。莫迪政府将印度的印度洋战略置于印度整体国家安全战略框架之下,实践印度洋战略的目的不仅是保护印度的国家利益,更要推进印度在印度洋地区的整体权力扩张,使印度成为该地区的全方位领导者。为此,《印度海洋安全战略》进一步强调要发挥海军外交的作用,通过互访、建立伙伴关系、人道主义救援、培训和技术援助等方式,推动构建对印度友好的印度洋。

在曼莫汉·辛格政府执政时期,印度海军的自我角色定位依然主要是一支军事力量,警察角色和外交角色只是和平时期角色的扩展,而莫迪政府放弃了和平时期角色与战争时期角色的分野,认为警察角色和外交角色不

---

① *Ensuring Secure Seas: Indian Maritime Security Strategy*, Ministry of Defence, Government of India, p. 32.

② 楼春豪:《战略认识转变与莫迪政府的海洋安全战略》,《外交评论》,2018 年第 5 期,第 108—110 页。

③ 刘立涛、张振克:《"萨加尔"战略下印非印度洋地区的海上安全合作探究》,《西亚非洲》,2018 年第 5 期,第 117 页。

仅是和平时期的海军任务，在战争时期同样如此。[①]换言之，莫迪从根本上重塑了印度海军的性质，它不再是一支单纯的军事力量，正逐渐向军事、警察、外交三位一体的后现代海军转型。

从印度的印度洋战略发展历程可以看出，追求印度洋海权是印度海军一以贯之的战略梦想，一俟实力允许，印度立即就会着手将海权人士的理想转化为海军的现实追求。印度终极海权梦想的核心始终是对印度洋的绝对控制，能否实现则另当别论。无论是倡议建立某种安全共同体，还是自我定位为"净安全提供者"，政策宣言本身只说明了印度海军的一部分目的，其最终诉求仍然是在印度洋地区树立其权力和威望。

## 第二节　影响印度"印度洋战略"的主要因素

作为陆海复合型国家，印度的国家安全战略首先要在海洋和陆地之间做出选择，确定有限资源的投入方向。根据上文阐述的印度"印度洋战略"的演变史，可以得出这样的结论：陆地安全是印度政府的首要关注，但印度的陆上安全主要关注领土完整，一俟边界线的安全危机得以缓解，印度政府就会将目光投向辽阔的海洋。陆地关乎印度的生死存亡，海洋则预示着印度的未来发展。这种思维模式主要受次大陆地缘政治和印度对海洋的经济依赖这两大因素的影响。随着非传统安全问题越来越受到关注，印度的海洋视野也逐渐向非传统安全领域扩展。

### 一、海洋地理的开放性

自1990年拉奥政府开始经济改革以来，印度经济的外向性越来越强，与外部世界的畅通联系是外向型经济发展的关键，也决定了一国国际影响力的地理范围，而取得外部联系必然要借助于陆地和海洋边界。印度拥有漫长的陆地边界线，但这并没有很好地帮助印度实现对外开放。作为一个

---

① 在《印度海洋军事战略》中，警察角色被列入和平时期的任务，与战争时期的任务相互独立，而在《印度海洋安全战略》中，不再区分和平与战争，而是按照任务定义角色，在干涉、冲突、塑造友好海洋环境以及沿岸和近岸安全等四项战略中，警察角色均具有重要意义。详见 *Freedom to Use the Seas: Indian Maritime Military Strategy*, p.72, 以及 *Ensuring Secure Seas: Indian Maritime Security Strategy*, p. 47, p. 61, p. 79, p. 106。

相对独立的地理单元,次大陆北部耸立着喜马拉雅山和兴都库什山,东部与缅甸的边界也被茂密的热带雨林阻挡,古代印度便在这种安全环境下孕育了相对独立的文明。虽然现代交通技术已高度发达,但喜马拉雅山仍是横亘在印度以北的天然障碍,与外界的其他陆上通道也被沼泽、雨林、沙漠和山谷所阻断,很难形成大规模人员与物资流动。换言之,自然地理条件为印度从陆地扩大对外联系设置了第一道障碍。安全和政治因素又进一步加剧了印度大部分陆地边界的封闭性,与中巴的军事对峙以及印缅边界的武装活动和毒品走私,促使印度政府对陆地边界保持半封闭状态,[①]只能实现十分有限的开放。

与陆地不同,海洋本身具有开放性。由于海洋的开放性和海运的便利性,自地理大发现以来,海洋便逐渐成为世界经济的大动脉,掌控海洋的国家成为世界霸主,马汉据此认为海权是世界大国的基础,他的思想深深地影响了潘尼迦等印度精英。印度拥有超过7500公里的海岸线,[②]周围没有竞争性海军力量的包围,其海洋贸易和海军舰队可自由进出大洋。印度陆地边界的封闭性和危险性进一步提升了海洋的战略意义。因此,不论是在政治上还是在经济上,印度必然会将国家的发展寄托于海洋,正如印度前外交部官员希克里所言,"印度要想成为大国,它的战略影响唯一能扩展的方向就是海洋"。[③]正是认识到海洋是印度政治经济影响力向边界以外扩展的主要通道,所以自立国以来,不论国家实力和历史情境如何,谋求海权始终是印度战略家和政治家的追求。

海洋的开放性既提供了印度与外部世界联系的通道,也为敌对力量入侵提供了通道,如果印度洋的海权被敌对势力掌握,印度的国家安全就会面临巨大威胁。对于这一点,较早提倡印度发展海权的代表性人物潘尼迦做了透彻的分析。他认为,"尽管从海上征服一个有基础的陆上国家不太可能,可是,印度的经济生活将要完全听命于控制海洋的国家,这个事实是不能忽

---

① Saddiki Said, "border Fencing in India: Between Colonial Legacy and Changing Se-cuirty Challenges," *International Journal of Arts & Sciences*; Vol. 9, Iss. 1, 2016, pp. 111-124.

② *Ensuring Secure Seas: Indian Maritime Security Strategy*, Ministry of Defence, Government of India, p. 17.

③ David Brewster, "An Indian Sphere of Influence in the Indian Ocean?" *Security Challenges,* Vol. 6, No. 3, 2010, pp. 1-20.

视的。还有，印度的安全也要长期受到威胁，因为如果陆上防御要塞被一个掌握海权的强国占领，并处于他的海军炮火的掩护之下，它就不是轻易可以从陆上攻下的，……印度有两千英里以上开阔的海岸线，如果印度洋不再是一个受保护的海洋，那么，印度的安全显然是极为可虑的"。①

### 二、外向型经济对海洋的依赖

印度经济对海洋的依赖性是决定印度追求印度海洋权的第二个因素。印度对印度洋的经济依赖体现在两方面：一是海运是印度开展对外贸易并获取石油资源的关键通道，因此也是印度经济的大动脉。2018 年，印度外贸总额超过 8362 亿美元，占 GDP 的 31%，②对外贸易是印度经济名副其实的支柱。与此同时，随着经济的增长，印度的化石能源消费也在迅速增长。过去 6 年间，印度的石油进口始终保持增长，③而本土石油生产则在绝大部分时间保持负增长，其结果是印度的石油对外依存度高达将近 90%，依赖性越来越强。④由于陆地的封闭性，印度国际货物贸易总数量的 90% 和总价值的 77% 都要通过海洋运输，⑤原油需求的 80% 需要海运进口，正如某位印度官员所提到的，"如果没有每年四万艘油轮向印度运送石油，印度的经济增长将是不可持续的。"⑥二是蓝色经济本身也是印度经济的重要组成部分。海洋覆盖了地球 70% 左右的表面积，其中蕴藏着巨量的财富，海洋渔业、近海石油开发、海水淡化、海洋矿产、海洋旅游等都为沿海国的经济发展提供了极大潜力。印度拥有 7500 公里海岸线和超过 200 万平方公里专属经济区，25% 的人口生活在沿海地区，沿海分布着孟买、加尔各答等印度最重要的工商业城市，发展海洋经济对印度经济增长有重大意义。为此，印度将海洋研究列为优先领域，建立了一大批研究和开发海洋资源的机构并取得重要进

① [印] 潘尼迦：《印度和印度洋——略论海权对印度历史的影响》，德隆、望蜀译，北京：世界知识出版社，1965 年版，第 9 页。

② 进出口贸易及 GDP 数据均来源于世界银行，百分比为计算结果。

③ 此处是指以体积计算，下文未特别指明均以体积计算。

④ *Annual Report 2017-18*, Ministry of Petroleum and Natural Gas, Government of India, pp. 9-13.

⑤ *Ensuring Secure Seas: Indian Maritime Security Strategy*, Ministry of Defence, Government of India, p. 25.

⑥ 转引自时宏远：《印度的海洋强国梦》，《国际问题研究》，2013 年第 3 期，第 108 页。

展,印度政府还通过了发展海洋经济的决议,重点关注海洋渔业、矿产资源,以及港口等重大海洋基础设施的建设。[1]印度还通过多边合作发展海洋经济,积极与孟加拉国、斯里兰卡、马尔代夫等围绕海洋经济开展合作,推动环印度洋联盟将蓝色经济作为联盟的一项重要日程。[2]此外,印度有11%的原油需求依靠印度专属经济区内的近海油田来满足,这几乎是印度本土石油生产的全部份额。[3]如果没有蓝色经济的发展,印度繁荣的沿海地区必将失色。

一国安全战略的重点会随着国家利益的转变而转变。无论是外贸还是远海近海资源的开发,都清楚地表明,印度经济正由"内向型经济"向"外向型经济"转型。因此,保卫印度的海洋利益并建设海洋强国,就成为印度政府一项迫在眉睫的任务。情况正如前印度海军参谋长普拉卡什所说,"印度在印度洋的发展是非常重要的,因为我们严重依赖海洋进行贸易,依赖海洋的能源、资源和食物资源,所以,相比内地,我们更需要向海洋看"。[4]

正是由于海洋在地缘政治上的开放性以及印度经济对海洋的现实依赖,从独立之日至今,印度一直非常渴望在印度洋的某种霸权。尽管印度一直缺乏实力,但并不妨碍其政策制定者和战略思想家将印度洋视作印度的后院。正如潘尼迦所说,"对于其他国家而言,印度洋只是一片重要的海洋,但是对于印度而言,它却是生死攸关的海洋"。[5]

### 三、非传统安全问题成为国际热点

地缘政治和地缘经济因素共同决定了在实力允许的情况下,印度必然是海权国家。不过,海洋安全本身又有传统安全和非传统安全之分,二者孰

---

① Vijay Sakhuja, "Harnessing the Blue Economy," *Indian Foreign Affairs Journal*, New Delhi Vol. 10, Iss. 1, 2015, pp. 39-49.

② 李次园:《环印度洋联盟蓝色经济发展初探》,《国际研究参考》,2018 年第 4 期,第 28 页。

③ *Ensuring Secure Seas: Indian Maritime Security Strategy*, Ministry of Defence, Government of India, p. 24.

④ David Scott, "India's 'Grand Strategy' for the indian Ocean: Mahanian Visions," *Asia-Pacific Review*, Vol. 13, Iss. 2, 2006, pp. 97-129.

⑤ Harsh V. Pant, "Indian in the Indian Ocean: Growing Mismatch Between Ambitions and Capabilities," *Pacific Affairs*, Vol. 82, No. 2, 2009, pp. 279-297.

轻孰重会决定海军力量的建设方向。冷战期间的非传统安全问题并不突出,各国的海军力量以追求传统安全优势为主调。冷战结束以来,在大多数国家的安全议程中,传统安全依然重于非传统安全,但非传统安全问题的产生和扩散,经济全球化对海运的依赖等因素,都迫使各国海军越来越重视非传统安全问题。

印度洋是世界贸易和能源运输的枢纽。由于众多沿岸国家政府治理能力不足,经济落后,缺乏有效的安全力量,自20世纪90年代末以来,区域非传统安全威胁日益严重,索马里海域也一度成为全球诸海域中海盗和武装劫船活动最严重的地区,其活动次数一度占全球的一半,直至2008年国际海军护航行动以后,安全形势才逐步好转。①马六甲海峡和南亚海域也是海盗和武装劫船活动的高发区,虽然由于各国海军的打击,情况有所好转,但依然潜藏着巨大的风险,被国际海事局列入高风险海域。②

东印度洋的热带气旋和海啸也对船舶航行和沿岸居民的生命财产安全构成巨大威胁:1970年的"波拉"热带气旋造成孟加拉地区50余万人死亡,2004年的印度洋大海啸造成20余万人死亡,2008年"纳尔吉斯"强热带风暴导致13万余人死亡或失踪。每年4月、5月和9月、10月是东印度洋热带气旋的旺季。虽然随着技术进步和灾害管理能力的提升,热带气旋造成的伤亡和损失已得到一定控制,但沿岸国家依然不能掉以轻心。

除以上两者,气候变化、海洋环境污染、海上恐怖主义、武器走私和人口贩卖等也是印度洋地区的主要非传统安全挑战,时刻威胁着沿岸国的资源安全、经济安全、环境安全和人员生命安全。印度是印度洋地区的最大国家,也面临着很严重的非传统安全威胁:海盗活动威胁着印度的能源和贸易航线,东印度洋热带气旋直接威胁印度东海岸,海洋生态环境污染严重制约印度开发蓝色经济,海上恐怖主义造成了2008年孟买恐怖袭击。如何应对海洋非传统安全威胁,已成为印度国家安全的重要议题。

与非传统安全问题相比,印度在海洋上所面临的传统安全问题则不那么急迫,虽然新世纪以来大国在印度洋的角逐日益激烈,但在海上发生传统

---

① 王竞超:《国际公共产品视域下的索马里海盗治理问题》,《西亚非洲》,2016年第6期,第55页。

② *Piracy and Armed Robbery Against Ships – 2018 Annual Report*, ICC International Maritime Bureau, pp. 20-22.

战争的可能性仍微乎其微。①这使印度拥有充分的战略空间来应对其他的海洋问题。

印度海军是印度构建维护海洋秩序的最强大力量,海洋安全是海军活动的核心,在印度海岸警卫队过于弱小的情况下,印度海军不得不越来越承担起维护非传统安全的重任。另一方面,面对全地区的非传统安全威胁,志在成为印度洋"净安全提供者"的印度海军必然要将目光投向远海。因此,印度海军在继续关注传统安全的同时,必然要向非传统安全方向投入更多的资源。

## 第三节　非传统安全议题的兴起历程

海上非传统安全问题历史悠久,对古代亚欧大陆各边缘海域均有关于海盗和热带气旋的记载,但对非传统安全形成系统的认识却经历了漫长的过程。1983 年,普林斯顿大学教授理查德·乌尔曼发表《重新定义安全》一文,首次把非传统安全引入安全研究。②自此,非传统安全逐渐进入各国海军的日常议程。从早期的无意识参与,到新世纪将非传统安全作为海军的重要任务,再到莫迪政府将非传统安全问题与传统安全问题和国内安全问题相整合,印度海军对非传统安全的认识经历了一个快速发展的过程。

### 一、印度海军开始关注非传统安全问题

冷战期间,非传统安全问题尚不显著,不论是在知识层面还是在安全政策层面,非传统安全概念在印度的出现和应用都是比较晚的事情。在印度国际关系学界,冷战期间的研究主题集中于大国关系、不结盟运动以及印度与南亚邻国的关系,能源安全、粮食安全、气候变化、人类安全等非传统安全经典议题到冷战结束后才逐渐成为印度国际关系研究的关注对象。③而在

---

① *Freedom To Use The Seas: India's Maritime Military Strategy*, Ministry of Defence, Government of India, p. iv.

② 《重塑"安全文明":非传统安全研究——余潇枫教授访谈》,《国际政治研究》2016 年第 6 期,第 129 页。

③ 高兴:《印度国际关系研究现状——理论发展与特点》,《世界经济与政治》,2009 年第 3 期,第 51 页。

海洋安全领域,非传统安全议题显然落后于学术界对这一问题的探索。冷战结束前,虽然印度的海洋安全战略不断发展,经历了从维护领海安全到试图谋求区域霸权的转变,但其核心始终针对传统安全,主要对象是巴基斯坦和域外大国;①由此,印度海军的装备建设也志在打造一支能战胜巴基斯坦海军并确保控制周边海域的海军力量,基本没有针对非传统安全威胁的装备和能力建设。②

20世纪80年代末期,海盗和海上恐怖主义威胁逐渐浮现。由于印度高度依赖海运,印度海军也不得不开始关注这两个问题。不过当时的印度海军还没有提出非传统安全这一概念,探讨这些问题的目的仅限于保护商品和能源运输航线。当时,印度海军甚至对威胁的空间范围都还没有清晰界定,只笼统描述为印度洋的关键海峡和航道。究其原因,主要是因为印度海军实力不足,20世纪90年代的印度海军刚开始从海岸线的守卫者转型为国家的政策工具,印度国防政策此时才第一次关注建立地区军事存在以维护印度国家利益的问题。③

对于如何应对海盗和海上恐怖主义,印度海军没有提出有针对性的明确方法,仅指出威胁日益严重,需要多边合作加以应对,但印度海军参与的多边合作在20世纪90年代仅限于与美澳新等重要国家的联合演习,远没有覆盖全印度洋地区,也很少有实际或计划中的联合行动。④

20世纪90年代的印度海军将反海盗行动归入"保卫航线行动"之中,这一概念还包括人道主义救援行动、低烈度冲突和威慑行动,其中低烈度冲突既有打击泰米尔伊拉姆"猛虎"解放组织与印度本土泰米尔支持者之间相互联系的塔沙行动(Operation Tasha),也有打击巴基斯坦境内的恐怖分子向印度运送武器和人员的天鹅行动(Operation Swan)。可以看出,这一时期的印度海军对"海上警察"角色的认知比较混乱,甚至将针对非国家行为体的反海盗行动和针对国家行为体的威慑行动归为同一概念。显然,印度

① 胡娟:《印度的印度洋战略研究》,北京:中国社会科学出版社,2015年版,第91页。
② 宋德星:《印度海洋安全战略研究》,北京:时事出版社,2016年版,第240—268页。
③ *Transition to Guardianship: The Indian Navy 1991-2000*, Navy headquarters, New Delhi, pp.6-7, p. 89.
④ Ibid., p.7.

海军对于非传统安全问题的特殊性还没有形成清晰认识。[①]

从以上内容可以看出,20世纪90年代的印度海军已对海盗和海上恐怖主义威胁有所意识,反应不可谓不快,但对这些威胁的实质、应对、政治意义等一系列问题仍认知模糊,对非传统安全这一概念则完全没有认知。因此,印度海军这一时期的安全政策焦点依然全部集中在传统安全问题上,没有专门提及属于非传统安全问题的各种威胁。

**二、维护非传统安全成为印度海军的主要任务**

拉奥政府在20世纪90年代初启动经济改革,印度经济发展明显提速。这种变革带来的外向性为印度的国家利益扩展了巨大的新空间,印度实力的增长也极大地增强了其维护国家利益并扩展权势的信心。在传统的海上战争可能性微乎其微的情况下,海盗、海上恐怖主义、武器和毒品走私、自然灾害等非传统安全议题迅速升温,既对印度海军维护国家利益提出了新的要求,也为其扩大在印度洋地区的影响力提供了契机。这种新的战略环境导致印度海军在21世纪前10年迅速转变了其对非传统安全问题的认知。

2007年,印度海军发布《印度海洋军事战略》。作为印度海洋安全战略的纲领性文件,这份文件详细阐释了印度海军力量的目标和具体运用。在这份战略文件中,印度海军虽然还没有提出"非传统安全"这一概念,但是非传统安全所涉及的各大范畴均得到了重视。印度海军认为,和平时期的海军有四种角色,即军事角色、外交角色、警察角色(Constabulary role)和善意角色(Benign role),而警察角色和善意角色是在和平时期可能性最高的两种角色。警察角色包括低烈度冲突和维持海上良好秩序,前者主要针对国家支持的(state-sponsored)或非国家行为体采取的活动,后者主要针对反海盗、反恐、反走私等活动;善意角色中的第一项任务是人道主义援助和灾难救助。这几项任务基本涵盖了当前非传统安全的主要领域。[②]

印度海军认为,海军承担警察角色有双重目的:首先,随着印度的经济发展,印度越来越成为外向型经济体,其对海外能源和海上石油生产的需求

---

[①] *Transition to Guardianship: The Indian Navy 1991-2000*, Navy headquarters, New Delhi, pp. 43-44.

[②] *Freedom To Use The Seas: India's Maritime Military Strategy*, Ministry of Defence, Government of India, p.73, pp. 89-95.

也在不断增加，确保安全的海运和海上经济活动，从而推动印度经济的可持续发展，已成为印度海军不可推卸的责任。其次，印度认为，"在过去十年中，印度洋区域的海盗、武器和毒品走私不断增长，大多数印度洋国家没有足够的海上力量保卫他们的利益，他们'期待'（look upon）印度海军能确保地区稳定和自由航行。"①这样，印度海军就为海上警察行动赋予了政治意义，维持海上良好秩序的任务不仅是印度的需求，更是印度积极承担"大国责任"的体现。

关于如何执行警察角色这一问题，印度海军认为，恐怖主义、海盗、海上走私等活动具有跨国性，单独一国很难成功应对这些问题，国际合作是成功的关键。但在印度海军看来，海洋安全合作"完全"（totally）取决于政治领导人对某一领域或某一国家的重视程度，其意义不仅是维护海洋安全，更重要的是塑造对印度友好的海洋安全环境，在海上邻国建立并维持影响力，使非传统安全威胁远离对印度国家利益有利的国家。②虽然印度海军没有明言在反恐和反海盗等领域的合作也存在上述考虑，但在使用"完全"这一词汇时并没有区分不同的威胁类型。由此可见，印度海军应对非传统安全威胁的行动仍然是取决于印度对国家利益的认识，其所宣称的承担"大国责任"的无私目的仍然是存疑的。

应对非传统安全威胁不仅是维护印度国家利益的重要手段，还是扩展印度国家利益的重要方式。打击海盗等安全威胁必须以合作为基础，而海洋安全合作的重要目的是塑造对印度友好的海洋安全环境。这样，打击非传统安全威胁就成为塑造印度影响力的重要方式。在国际政治中，影响力一词和权力概念联系的紧密程度，上述表述也就为安全合作政治化提供了可能性。无论如何，战略收益是印度作为"海洋警察"所必然要考虑的问题。下文将说明所谓"作为印度洋地区最大的国家，印度有义务维护地区安全"的说法，更多的是印方的政治宣传而不是对弱小邻国的无私帮助。

2007年以后，印度洋的非传统安全形势又出现新变化。2008年发生的孟买恐怖袭击给印度政府以极大震动，恐怖分子通过海上通道向孟买渗透一事表明印度的近岸安全体系存在严重漏洞；同时，索马里护航行动导致私

---

① *Freedom To Use The Seas: India's Maritime Military Strategy*, Ministry of Defence, Government of India, p. 10, p. 90.

② Ibid., p. 87, p. 90.

人安保力量兴起,不法分子可能利用这种环境对抗国家利益,这也成为印度洋安全形势的潜在威胁。[①]作为印度海洋安全的核心力量,印度海军在吸收孟买恐怖袭击的经验教训并重新评估印度洋地区安全形势之后,进一步完善了海洋安全战略。

### 三、莫迪政府的认知

2015年,印度海军发布《印度海洋安全战略》,印度海军在该文件中首次使用了非传统威胁(non-traditional threats)这一概念,对于这一概念所包含的内容也进行了清晰界定,具体涉及海上恐怖主义、海盗和海上武装抢劫、不受管制的海洋活动、非法捕鱼、私人武装力量的扩散以及气候变化和自然灾害等。对海上恐怖主义这一威胁,印度海军又细致地将其分为"来自海上"(From the Sea)和"在海上"(At Sea)的恐怖活动。"来自海上"的恐怖活动指恐怖分子通过海洋向印度本土进行渗透以及武器运输,"在海上"的恐怖活动指针对船舶和海上设施的袭击,这些都属于印度海军的打击范围。[②]这样,印度海军就不得不承担起维护近岸安全的职能,为此采取了一系列措施,包括建立海岸巡逻队、建造执行近岸巡逻任务的快速支援艇、加强与渔民和涉海团体的联系、强化与海岸警卫队和海事警察的协调,尽管上述任务原则上都属于海岸警卫队的职能范围。在印度海军资源紧张的情况下,印方如何应对蓝水海军和海岸警卫队双重要求之间的紧张关系将成为一大挑战。

新规划的印度海军不再强调应对非传统威胁只是和平时期的任务,而是将非传统安全与传统安全并重,认为在一般战略环境下均应受到重视,应对这两大挑战是印度海军在各场景下需履行的根本职能。印度海军还在一定程度上打破了非传统安全与传统安全的界限,认为二者界限模糊,非传统威胁的主体是非国家行为体,但其背后可能有国家行为体的支持。因此,为了应对新的战略环境,印度海军需要高度整合的战略。[③]

与2007年的海军战略相比,打破传统安全与非传统安全的壁垒意味着

---

① *Ensuring Secure Seas: Indian Maritime Security Strategy*, Ministry of Defence, Government of India, p. 41.

② Ibid., pp. 37-43.

③ Ibid., p. 3, p. 37.

印度海军对非传统安全的认识有了实质性进步。不过,目前印度海军的战略构想很难达到高度整合的水平,传统安全和非传统安全更多是对现象的联系,如在某种设想的冲突环境中同时考虑传统安全问题和非传统安全问题。这距离将两种安全问题的有效应对融合为整体还很遥远。

从以上分析可得出一些初步结论。第一,当代印度的印度洋战略受陆海地缘政治、经济利益和安全利益三重因素驱动。地缘政治指向权力和安全问题,这几乎是恒久不变的因素,也是印度立国以来一直渴望的目标。第二种因素指向经济安全,这是当代印度最关心的问题之一。在这两种因素的推动下,印度一直对海权孜孜以求。第三种因素涉及海上力量的分配,正是在这一因素驱动下,印度海军自20世纪90年代起逐渐开始关注非传统安全问题,并在当前的印度洋战略中予以高度重视。

权力、经济、安全的三重目的既有关联性,也有冲突性,在实际操作过程中如何抉择也成为摆在印度海洋政策面前的一道难题。印度海军所执行的非传统安全行动对印度海洋安全战略的影响极为复杂:对某一目的有利的行为对另一目的未必有利,短期看来有利的政策在较长的时期中也可能产生负面影响,且这种负面影响本身也可能是多元复合而成的。因此,下文将以经验研究为基础,进一步分析印度海军应对非传统安全问题的态度及其实践。

# 第二章  印度在印度洋的非传统安全行动

在《印度海洋军事战略》和《印度海洋安全战略》这两份文件中,印度海军均表示,非传统安全具有跨国性质,合作是有效应对威胁的必经之路,也是获取战略收益的必要手段。[①]因此,印度海军高度重视与相关国家的非传统安全合作,但对这一领域可能产生的争端则提得不多。从实践来看,海军所面对的非传统安全问题经常处于国际水域或邻近国家水域,合作应对是各国海军的普遍方法,只有研究印度海军对双边和多边合作的态度与合作现状,才能较准确地反映印度的印度洋战略在非传统安全领域的实践。本章将探讨印度与印度洋域内外国家在海洋领域的非传统安全合作现状。与《印度海洋军事战略》相比,《印度海洋安全战略》的一大变化在于,将沿岸和近岸安全( coastal and offshore security )纳入了海军的任务领域;印度海军认为,由于 2008 年的孟买恐怖袭击,印度海军任务发生了变化,有必要将沿岸和近岸安全纳入其任务领域,[②]印度海军也采取了很多措施来执行这一战略。因此,本章也会探讨这一点。

## 第一节  沿岸和近岸安全

印度在近岸和沿岸水域拥有重大利益。在经济上,印度国内石油消费的 11% 来自专属经济区,海上气田产量占印度天然气产量的 80%,印度还在专属经济区内开采矿产,每天有大量船舶进出印度专属经济区。在安全上,海洋是恐怖活动的重要场所,除了孟买恐怖袭击这样的由海向陆的袭

---

① *Freedom To Use The Seas: India's Maritime Military Strategy*, Ministry of Defence, Government of India, p. 90, *Ensuring Secure Seas: Indian Maritime Security Strategy*, Ministry of Defence, Government of India, p.84.

② *Ensuring Secure Seas: Indian Maritime Security Strategy*, Ministry of Defence, Government of India, p. 6.

击,恐怖分子还通过海洋向印度本土渗透,输送武器与人员等。①印度沿海还面临严重的海盗及武装劫船威胁:2014—2018年,印度海域共发生50次海盗及武装劫船活动,占同期全球海盗及武装劫船活动的4.7%。②

沿岸和近岸安全传统上并不是海军的任务。1978年,印度通过了《海岸警卫队法》,设立了海岸警卫队。然而,受限于财政困境,印度海岸警卫队实力极为有限:印度拥有7500余公里海岸线,而截至2020年,海岸警卫队所装备的千吨以上水面舰艇仅21艘,且最大不过3000余吨,③每艘舰船平均要负责300多公里海岸线,实力捉襟见肘。面对重大的利益诉求和严峻的安全形势,印度海军承担近岸安全将是印度海洋安全的有益补充。

印度海军在沿岸和近岸安全方面的主要职责是协助海岸警卫队,与其他涉海力量,如海事警察、海关部门、国家情报机构、海事部门等相互配合,进行情报搜集、近岸巡逻、搜查和身份认证、维护社区关系以及训练和技术合作等活动。虽然直到2015年印度海军才从战略层面明确了维护近岸安全的职能,但相关工作早已开展。为了更好地维护专属经济区安全,印度海军舰船建造了一批快速支援船(Immediate Support Vessel),定期在相关海域巡逻;④印度海军还建立了联合指挥和控制系统以及国家指挥、通信和情报网络,为海岸警卫队提供了有力支持;⑤此外,印度海军还与海岸警卫队进行联合训练和联合巡逻,在这些活动中,打击海盗、海洋犯罪和海上恐怖主义等非传统安全威胁是重要科目。2013年4月,印度海军、海岸警卫队以及马哈拉施特拉邦海事警察联合进行了一年两次的"海洋甲胄"(Sagar Kavach)海洋安全演习,主要科目是打击一支试图劫持船只潜入孟买市区的武装分

① *Ensuring Secure Seas: Indian Maritime Security Strategy*, Ministry of Defence, Government of India, pp. 24-26, pp. 38-39.

② *Piracy and Armed Robbery Against Ships – 2018 Annual Report*, ICC International Maritime Bureau, p. 6.

③ 印度海岸警卫队官网, https://www.indiancoastguard.gov.in/content/294_3 Ships.aspx。

④ *Ensuring Secure Seas: Indian Maritime Security Strategy*, Ministry of Defence, Government of India, p. 110.

⑤ Himadri Das, "Ten Years after '26/11': A Paradigm Shift in Maritime Security Governance in India?" National Maritime Foundation, Nov 28, 2018, https://maritimeindia.org/26-11-a-paradigm-shift-in-maritime-security/.

子。[①]此外,印度海军也是沿岸自然灾害救援的重要力量,2018年4月,印度海军在科钦进行了一次救灾演习(Exercise Chakravath),同年10月又参与了在西孟加拉邦的地震灾害救援演习。[②]在印度沿岸各邦的洪水灾害中,印度海军也一直是重要的救援力量。作为印度最强大的海上力量,印度海军正积极与海岸警卫队及其他涉海力量开展各种形式的合作,已成为维护印度沿岸及近岸安全的重要力量。

## 第二节　印度海军与印度洋域内国家的海上非传统安全互动

印度洋地区各国所面临的非传统安全威胁和应对能力差异巨大,对外安全关系也各有不同,印度海军的具体政策也表现出明显的国别差异。简言之,印方和对象国的双边关系和安全政策决定了其与域内国家的非传统安全互动有明显的层次差异。这里根据互动水平差异将域内国家分为三类,分别是依赖印度安全援助的国家,与印度互动较频繁的国家,以及尚未与印度建立实质性联系的国家。

### 一、依赖印度安全援助的国家

马尔代夫、塞舌尔和毛里求斯是与印度非传统安全互动最频繁的国家。三国均为印度洋岛国,陆地面积有限,但领海较大,有管辖权的海域更是面积庞大。陆海面积的巨大差异导致了极为有限的安全力量与庞大的安全需求之间的矛盾,迫使三国不得不寻求外部安全援助。作为印度洋域内最大国家,印度与三国形成了千丝万缕的联系。马印两国隔海相望,马尔代夫长期奉行"印度优先"的外交政策;[③]塞毛两国有庞大的印裔居民,毛里求斯的印裔人口比例高达70%,被称为"小印度",一些分析甚至不无夸张地称毛

---

① "Operation Sagar Kavach to be held in April last," erewise, Apr. 24, 2013, https://www.erewise.com/current-affairs/operation-sagar-kavach-to-be-held-in-april-last_art5177a374e8221.html#.XfzGStOvs3k.

② 印度海军官网, "Annual Joint HADR Exercise 2018 – 'Chakravath'," https://www.indiannavy.nic.in/content/annual-joint-hadr-exercise-2018---chakravath. "Indian Navy Participates in HADR Exercise in West Bengal," https://www.indiannavy.nic.in/node/21050.

③ Anand Kumar, "India-Maldives Relations: Is the Rough Patch Over?" *Indian Foreign Affairs Journal*, Vol. 11, No. 2, April–June 2016, pp. 153-167.

"心甘情愿"从属于印度；塞舌尔虽然一直试图在大国之间保持平衡，但印度始终保持着对塞国家安全的巨大影响力。[①]面对当前印度洋非传统安全领域的严峻局势，三国均以印度为安全援助的主要来源。

印度与三国的非传统安全互动均以印度对三国的安全援助为主要形式。印度对三国的安全援助主要包括在三国专属经济区的联合巡逻、装备和训练援助、联合军事演习、情报分享以及人道主义援助等。

2009年，印度国防部长 A. K. 安东尼访问马尔代夫，双方达成防务合作协议。根据协议，印方可以在马方部署飞机和舰艇并建设海洋监控雷达，印方还同意向马方提供"北极星"直升机（Dhruv helicopter）、军医院、雷达站等装备和设施，同意定期巡逻马尔代夫领海。[②]该协议使印方成功将马方纳入了自身安全网络，[③]既大大改善了马方管辖海域的安全形势，也有利于印方监控这一关键航道。人道主义援助也是印马合作的重要内容。2004年的印度洋大海啸令马尔代夫受到沉重打击，印度积极开展对马尔代夫的援助，为马尔代夫迅速恢复局势起到了极为重要的作用。[④]此后，印度国家海洋信息中心进一步与区域综合多重危险早期预警系统[⑤]合作，为马尔代夫提供综合海洋信息和预报服务。[⑥]

根据2003年签订的协议，印方为塞毛两国提供每年两次的专属经济区

---

① [澳] 大卫·布鲁斯特：《印度之洋——印度谋求地区领导权的真相》，杜幼康、毛悦译，北京：社会科学文献出版社，2016年版，第92、95、107—112页。

② Anand Kumar, "India-Maldives Relations: Is the Rough Patch Over?", *Indian Foreign Affairs Journal*, Vol. 11, No. 2, 2016, pp. 153-167.

③ [澳] 大卫·布鲁斯特：《印度之洋——印度谋求地区领导权的真相》，杜幼康、毛悦译，北京：社会科学文献出版社，2016年版，第86页。

④ 曾祥裕、朱宇凡：《印度海军外交：战略、影响与启示》，《南亚研究季刊》，2015年第1期，第11页。

⑤ 区域综合多重危险早期预警系统（Regional Integrated Multi-Hazard Early Warning System for Africa and Asia）是印度洋和亚太地区政府间合作机构，成立于2009年，目前拥有20个成员国和28个伙伴国，提供地震、飓风、气候变化、极端天气等自然灾害的预警服务。

⑥ 古拉夫·沙玛：《印度在印度洋地区的活动以及与四个沿岸国家的交往：斯里兰卡、马尔代夫、塞舌尔和毛里求斯》，张骥译，《国外社会科学文摘》，2017年第2期，第13页。

安全巡逻,向两国军警提供装备和训练支持。①印方为毛方数座岛屿建设雷达站,甚至派遣一名研究分析局(印度对外情报机构)官员担任毛里求斯总理的国家安全顾问。②2018年,印度海军"沙尔都"号(INS Shardul)访问毛里求斯并巡逻毛里求斯专属经济区,与"沙尔都"号一起行动的毛里求斯海岸警卫队"胜利"号(MCGS Victory)正是由印度所提供的。③2019年,印度将其最先进的P-8I"海神"巡逻机部署在毛方海域执行巡逻任务。④印方还为塞方建设了国防管理学院,提供近海巡逻舰和海岸监控雷达,还向其派遣海军顾问、海事安全顾问和军事顾问各一名。⑤

不难发现,印方非常重视与马、塞、毛三国的非传统安全合作,在资金和装备上颇为大度。对三国来说,鉴于印度洋非传统安全形势不容乐观,印度的援助极大地帮助他们改善了海洋安全环境。

**二、与印度互动较频繁的国家**

印度历来重视与东南亚的关系。1991年,拉奥政府提出"向东看"(look east)政策,莫迪总理将之提升为"向东行动"(act east)政策,力图促使双方建立更密切的政治军事联系。⑥印度所属的安达曼·尼科巴群岛与印度尼西亚、泰国和缅甸隔海相望,共同的海上边界与友好的双边关系为印方与三国的安全互动提供了充分的基础。印度与印尼、泰、缅三国均有海上联合巡

---

① [澳]大卫·布鲁斯特:《印度之洋——印度谋求地区领导权的真相》,杜幼康、毛悦译,北京:社会科学文献出版社,2016年版,第104、111页。

② 同上,第104页。

③ 印度海军官网,"Indian Amphibious Warship INS Shardul enters Port Louis, Mauritius," https://www.indiannavy.nic.in/content/indian-amphibious-warship-ins-shardul-enters-port-louis-mauritius。

④ 印度海军官网,"Deployment of P-8I to Seychelles for EEZ Surveillance and RRM Visit to P8I," https://www.indiannavy.nic.in/content/deployment-p-8i-seychelles-eez-surveillance-and-rrm-visit-p8i。

⑤ [澳]大卫·布鲁斯特:《印度之洋——印度谋求地区领导权的真相》,杜幼康、毛悦译,北京:社会科学文献出版社,2016年版,第111、112页。

⑥ Harsh V. Pant, "India-ASEAN partnership at 25," Observer Research Foundation, Jul. 04 2017, https://www.orfonline.org/research/india-asean-partnership-at-25/.

逻机制，分别开始于 2000 年、2005 年、2013 年。①印度与印尼和泰国的联合巡逻每年两次，与缅甸的联合巡逻每年一次，巡逻时间通常仅为几天，地点限于海洋边界，相关各方海军多次借此机会进行以非传统安全问题为主要科目的联合演习。②

印度与东盟三国的非传统安全互动呈现对等合作与双向安全的特点。印方与三国已建立比较成熟的双边海洋安全保障机制，合作各方实力和投入虽有差异，但总体上仍然是较为平衡的。这种合作不仅保障了东盟的海洋安全，也维护了印方安全，明显不同于印方与马、塞、毛三个岛国的单向安全保障。

2008 年起，印度海军开始在亚丁湾常态化部署军事力量进行反海盗活动，为此亟须陆地设施和补给站。阿曼紧邻亚丁湾，政治稳定，港口设施好，印阿两国已建立较密切的防务关系。因此，印度选择与阿曼合作进行反海盗活动，③印方目前在阿曼拥有靠泊和补给设施，拥有地理位置卓越的杜克姆港④（ Duqm port ）使用权，阿曼海军一座监听站也可为印度海军服务。⑤双

---

① Darshana M. Baruah, "India-ASEAN naval cooperation: An important strategy," Observer Research Foundation, Jul. 06, 2013, https://www.orfonline.org/research/india-asean-naval-cooperation-an-important-strategy/#:~:text=Maritime%20cooperation%20is%20one%20of%20the%20important%20aspects,of%20Navigation%20%28FON%29%20through%20the%20South%20China%20Sea. 以及 "5th Indo-Mayanmar Coordinated Patrol," Port Blair News, *The Phoenix Post*, http://thephoenixpostindia.com/5th-indo-mayanmar-coordinated-patrol/.

② 印度海军官网，"31ST IND - INDO CORPAT, Indian Naval Ship & Aircraft Arrive at Belawan, Indonesia on 06 June 2018," https://www.indiannavy.nic.in/content/ind-indo-corpat/page/0/1, "Indo-Thai Coordinated Patrol (CORPAT)," https://www.indiannavy.nic.in/content/indo-thai-coordinated-patrol-corpat-0, "Indo-Myanmar Coordinated Patrol Exercise," https://www.indiannavy.nic.in/content/indo-myanmar-coordinated-patrol-exercise。

③ 印度海军官网，"Visit of Indian Warships to Muscat, Oman," https://www.indiannavy.nic.in/content/visit-indian-warships-muscat-oman。

④ 杜克姆港位于阿曼中南部，直面阿拉伯海，是杜克姆经济特区的核心设施，设备先进，未来可望成为中东第一大港口，2017 年，阿曼政府宣布在杜克姆港建造一座海军造船厂，随后英国海军获得港口使用权，印度海军次年也得到了港口使用权，可见印阿安全合作之密切。

⑤ Abhijit Singh, "India's middle eastern naval diplomacy," Observer Research Foundation, Jul 28, 2017, https://www.orfonline.org/research/india-middle-eastern-naval-diplomacy/#:~:text=India%E2%80%99s%20recent%20naval%20diplomatic%20forays%20in%20the%20Middle,to%20strengthen%20maritime%20cooperation%20across%20the%20Asian%20littorals.

方开展了联合军事演习,印方为阿方提供训练和装备。总体而言,印阿合作使阿曼借助其在西北印度洋这一权力空间内的优势,成为印度的安全支柱,为印度在西北印度洋建立影响提供了便利。

南亚地区的斯里兰卡和孟加拉国与印度的非传统安全互动总体较为低落。"猛虎"组织活跃期间,印度曾派遣舰艇和飞机监控斯方海域,阻断"猛虎"组织穿越保克海峡的补给线。2009年"猛虎"组织覆灭后,斯方对印度援助的需求大幅降低。由于担心印方干预斯方内部事务,两国军事合作也逐步降温;虽然两国海军依然进行联合演习和巡逻,但合作强度和广度均有下降,争端也频繁发生。①印孟关系长期起伏不断。2014年,国际仲裁庭就孟加拉国诉印度案做出裁决,双方自愿在仲裁结果的基础上解决了海洋边界争端,为两国的非传统安全合作建立政治基础。此后,印孟两国非传统安全合作得到快速发展,②但由于起点不高,这一合作的整体影响仍不明显。

### 三、尚未与印度建立实质性联系的国家

印度自视为印度洋的"净安全提供者",与印度洋绝大多数国家建立了安全关系,联合演习、技术合作、安全对话等合作形式普遍存在。但除上述九国,印度与印度洋地区大多数国家的安全合作并不深入,更多地停留在协议层面,有助于相关各方建立或巩固友好关系,具体表现主要是签署合作协议并开展双边友好交流等,但由于这些合作缺乏明确的操作对象和合作机制,其成效也颇为有限。不过,由于在地理上相距遥远,大多数印度洋国家与印度并无海洋争端,在安全领域总体上相安无事。综合以上两点可知,在海上非传统安全领域,印度与除上述九国的其他印度洋国家尚缺乏实质性联系。

政治因素是印度与诸多国家未能进一步深化合作的主要因素。在某些场景下,印度与合作的对象国虽然都有意加深合作,但由于外交关系的阻碍,合作难以进一步深入。在至关重要的中东地区,印度与沙特阿拉伯、科威特、阿联酋等国在人道主义救援、非战斗性撤离行动、灾害管理等领域签署了相关协议。不过,由于中东逊尼派国家一般支持巴基斯坦,印度与其的

---

① [澳]大卫·布鲁斯特:《印度之洋——印度谋求地区领导权的真相》,杜幼康、毛悦译,北京:社会科学文献出版社,2016年版,第76、77、80页。
② 楼春豪:《战略认知转变与莫迪政府的海洋安全战略》,《外交评论》,2018年第5期,第120页。

安全合作很难涉及敏感度较高的领域。[①]

距离和战略位置是另一个重要原因。印度虽然在政治话语体系中重视澳大利亚和西南印度洋,但由于距离遥远,在实力有限的情况下,这一部分并未得到印度海军的持续关注。其实,澳大利亚非常重视印度洋并制定了"向西看"(look west)战略,[②]印澳双方也签署了《联合安全宣言和战略伙伴关系协定》等一系列安全协议,决心加强在打击恐怖主义和反海盗等方面的合作。[③]但是,澳大利亚传统上的外交重心在大洋洲和东南亚,安全上依赖美国,与印度有一定距离,印澳两国的安全战略暂时还没有形成有效对接,两国海军的合作协议很难落实。

在西南印度洋,印度在 2003 年和 2004 年两度为在莫桑比克举行的国际会议提供海洋安全保障,[④]但这种势头很快遇挫:2014 年以来,印度海军舰船仅对莫桑比克进行了三次访问,联合演习则一次都没有。[⑤]印度与其他非洲印度洋沿岸国的非传统安全合作也多停留于协议和友好交流的层面。2021 年 3 月 24 日,印度海军与马达加斯加海军首次在马达加斯加专属经济区开展联合巡逻,但这种合作形式能否延续还有待观察。[⑥]

## 第三节　印度与大国的海上非传统安全互动

印度洋既是重要的石油产地,也是世界交通的十字路口,这就注定了许多域外国家也会在印度洋拥有至关重要的经济和安全利益。近年来,中

---

① Abhijit Singh, "India's middle eastern naval diplomacy," Observer Research Foundation, Jul. 28, 2017, https://www.orfonline.org/research/india-middle-eastern-naval-diplomacy/#:~:text=India%E2%80%99s%20recent%20naval%20diplomatic%20forays%20in%20the%20Middle,to%20strengthen%20maritime%20cooperation%20across%20the%20Asian%20littorals.

② 薛桂芳:《澳大利亚海洋战略研究》,北京:时事出版社,2016 年版,第 54 页。

③ 许善品:《澳大利亚的印度洋安全战略》,《太平洋学报》,2013 年 9 月,第 93 页。

④ *Annual Report 2003-2004*, p. 40. *Annual Report 2004-2005*, p. 47. Ministry of Defence, Government of India.

⑤ 根据印度海军官网信息统计所得。

⑥ "Indo-Pacific outreach: India conducts maiden joint naval patrolling with Madagascar," *The Economic Times*, Mar 25, 2021, https://economictimes.indiatimes.com/news/defence/indo-pacific-outreach-india-conducts-maiden-joint-naval-patrolling-with-madagascar/articleshow/81681981.cms.

美欧等都在加深对印度洋安全事务的参与。众多大国的入场为改善印度洋安全形势带来了新的机遇。但是,大国竞争和地缘政治考虑又促使各大国在应对海洋安全挑战的领域潜藏着竞争,为印度洋带来了新的不稳定因素。印度无力一手包办印度洋安全事务,也对各大国参与印度洋非传统安全治理长期持消极态度。这也导致了当前印度洋非传统安全治理中大国合作的不足。

## 一、印美在印度洋的非传统安全互动

印度是印度洋地区的最大国家,自我定位为印度洋的"净安全提供者",而美国海军是印度洋首屈一指的海上力量,也是众多印度洋国家的盟友或准盟友,塑造印度洋的安全环境离不开美国的参与,应对印度洋非传统安全威胁也已成为印美防务合作的组成部分。两国在海上非传统安全问题上的合作开始得较早,但进展缓慢,实质成果迄今仍然有限。

2006 年,美印签署"海洋安全合作框架"(Indo-US Framework of Maritime Security Cooperation),提出双方将在遵守国际法的前提下,采取必要手段共同应对非传统安全威胁,主要包括海盗、海上抢劫、自然灾害、环境恶化、大规模杀伤性武器扩散、跨国有组织犯罪等。[①]2015 年,美印签署"防务关系新框架",提出扩大海军合作,共同应对海盗和暴力极端组织等海洋安全威胁。[②]2016 年,美印又签署"后勤交流备忘录"(Logistics Exchange Memorandum of Agreement),时任印度国防部长马诺哈尔·帕里卡尔(Manohar Parrikar)称,该协定将使双方在执行人道主义救援任务时,更容易进行联合行动和相互支持。[③]然而,双方在实际操作层面的进展长期落后于纸面的协议。2006 年,美印等国的"马拉巴尔"演习开始关注非传统安全,美印两国海岸警卫队各派一艘舰艇参加演习,合作演练了海上执法、反海

---

① 印度外交部官网, "Indo-U.S. Framework for Maritime Security Cooperation," https://mea.gov.in/bilateral-documents.htm?dtl/6030/IndoUS+Framework+for+Maritime+Security+Cooperation。

② 美国国防部官网, "*Fact Sheet: U.S.-India Defense Relationship*," dod.defense.gov/Portals/1/Documents/pubs/US-IND-Fact-Sheet.pdf。

③ "US, India sign military logistics agreement," *The Times of India*, Aug. 30, 2016, https://timesofindia.indiatimes.com/india/US-India-sign-military-logistics-agreement/articleshow/53921866.cms.

盗、污染控制、海上搜救和登船搜捕等科目。①2008 年在果阿举行的"马拉巴尔"演习继续关注非传统安全问题，印度海军西部舰队司令（Flag Officer Command Western Fleet）阿尼尔·乔普拉（Anil Chopra）称"演习大大增强了两国海军的联系，这对于应对人道主义援助和救灾任务，以及海上安全和海盗问题都非常重要。"②不过，两国之后在印度洋举行的"马拉巴尔"演习越来越关注传统安全科目，如反潜、防空、反水面舰艇等，针对特定国家的意图也越来越明显；③与非传统安全相关的科目虽然继续进行，但重要性逐渐降低，美印海岸警卫队舰艇也不再参加演习。这种情况与印美两国在其他领域防务合作风生水起的局面形成了鲜明对比。

尽管近年来美印防务合作进展很大，但其战略基础在于共同应对中国的海上崛起。④由于这一问题与印度洋非传统安全问题关联不大，双方很难在这一大主题的指引下开展非传统安全合作。此外，美印安全关系中也潜藏着竞争，印度内心深处一直认为印度应该是印度洋的主导国家，而美国是当前印度洋主导性海权的实际拥有者，维持这一地位也是美国的战略目标。从这一角度出发，两国在印度洋海权领域方面存在竞争关系。虽然两国在印度洋非传统安全领域还未发生明显冲突，但互动也很少，合作颇为冷淡，均未参与对方在区域内最重要的海洋非传统安全应对机制：美国目前没有参加印度所组织的印度洋海军论坛，甚至连观察员都不是；印度虽然自2008 年起即在亚丁湾派遣舰队常态化巡逻，但是至今没有参加美国所组织的负责索马里海岸反海盗活动的 151 联合特遣舰队，双方在这一区域的合作也非常少。由于印度将非传统安全问题作为谋求地区影响力的重要工具，印美双方在印度洋非传统安全问题的防务关系很难取得较大突破，将来甚至可能出现竞争的局面。

---

① 美国海军官网，"BOXESG, Indian Western Fleet Complete Malabar 06," https://www.navy.mil/submit/display.asp?story_id=26575。

② "U.S. Navy Ships Arrive in India for 10th Malabar Exercise," Lt. Ron Flanders, Carrier Strike Group 7 Public Affairs, https://web.archive.org/web/20120611121827/http://www.c7f.navy.mil/news/2008/10-october/10.htm.

③ "MALABAR Naval Exercise," UPSC IAS Exams, http://www.upsciasexams.com/article-details/53/MALABAR%20Naval%20Exercise%202018.

④ Ibid.

## 二、中印在印度洋的非传统安全互动

中国正经历快速的经济增长,这一方面带来了中国综合国力前所未有的提升,另一方面也使其经济安全具有更大脆弱性,发生在印度洋的任何重大事件都使中国感到忧虑。为此,中国逐渐开始积极参与印度洋非传统安全治理,包括在亚丁湾常态化部署舰船,以及通过单边或多边援助,积极为马六甲海峡的安全治理提供帮助等。[①]随着"一带一路"建设在印度洋地区的推进,中国需要更加安全稳定的印度洋,不仅要保护航线,还要保护中国投资者,防止其受到海上非法活动和自然灾害的侵袭。因此,可以预见,中国在未来会进一步参与印度洋地区的非传统安全治理。

印度是印度洋地区最大的国家,也是印度洋大多数非传统安全治理机制的主导者或参与者。域外大国和域内大国之间能否有效合作,将在很大程度上影响印度洋非传统安全治理机制的成效。其实,中印两国已在一些领域开展了卓有成效的合作:两国都是《亚洲地区反海盗和武装劫船协定》以及"区域综合多重危险早期预警系统"成员国。前者于 2004 年启动,旨在加强缔约方在反海盗及武装劫船问题上的技术和情报合作;后者是印度洋和亚太地区的一个政府间合作机构,成立于 2009 年,目前拥有 20 个成员国和 28 个伙伴国,提供地震、飓风、气候变化、极端天气等自然灾害的预警服务。两国海军多次就联合打击海盗问题举行对话,在亚丁湾反海盗活动中相互协调。[②]但总体而言,双方的非传统安全合作水平有限,近年来仅略有进展。

大国竞争和低战略互信导致中印两国在印度洋非传统安全领域的竞争大于合作。印度战略界多将中国在印度洋的反海盗行动视为通过塑造"善意"形象以获取战略收益,甚至是要打压印度战略空间的举动,据此又主张印度强化与美日等国的海洋安全合作,加强与中国在印度洋的竞争。[③]类似的偏颇观点经常见诸印度媒体和智库,对印度政府决策已产生不小影响。

---

① 谭民:《马六甲海峡安全维护:复杂的机制与中国的参与》,《云南行政学院学报》,2019 年第 4 期,第 174、175 页。

② 邹正鑫:《中印海上安全合作研究》,四川大学硕士学位论文,2019 年 6 月,第 32 页。

③ Abhijit Singh, "India needs a Better PLAN in the Indian Ocean," May 12, 2018, East Asia Forum, https://www.eastasiaforum.org/2018/05/12/india-needs-a-better-plan-in-the-indian-ocean/.

印度政府中不少人认为，中国海军在印度洋活动是要包围印度，这种观点在中国海军吉布提联合保障基地建立后更加凸显。①而事实上，吉布提联合保障基地目前仅用于为中国海军亚丁湾护航舰队提供休整和补给。虽然中印在亚丁湾反海盗活动中采取了一些合作措施，但两国在印度洋的海洋竞争限制了双方深化合作的前景。印方将中国视为其夺取印度洋海权的对手，将中国在印度洋的反海盗行动看作大国竞争格局下争夺优势的步骤。这不仅不利于两个崛起中大国在印度洋共同应对非传统安全威胁，还对印度洋的和平稳定产生不良影响。

### 三、印欧在印度洋的非传统安全互动

印度洋历来是欧洲大国的重要战略利益区和关键性战略通道。冷战结束后，印度洋部分海域的非传统安全因素在一系列复杂条件的作用下凸显出来。有效应对非传统安全威胁，保卫印度洋关键通道顺畅，构成了当前欧盟及其成员国在印度洋地区的重要安全关切。为此，欧盟积极参与印度洋安全治理。2008 年 12 月 8 日，欧盟发起"阿塔兰特"（Atalanta）的军事行动，旨在通过联合护航打击索马里沿岸的海盗活动，保卫亚丁湾航线安全。②印度海军也于同期派遣舰队在索马里海域进行常态化巡逻。近年来，印欧海军加强了合作。2018 年 12 月，印度海军应欧盟海上力量（EU NAVFOR, European Union Naval Force）③请求，为世界粮食组织运粮船提供护航；④2019 年 1 月，欧盟高级军事代表团访问孟买，欧盟海上力量高度赞赏与印度海军的合作，称印方是欧盟西印度洋反海盗行动的"关键伙伴"。⑤但是，也不应

① Rahul Roy-Chaudhury, "India Counters China in the Indian Ocean," Aug. 25th, 2017, International Institute for Strategic Studies, https://www.iiss.org/blogs/analysis/2017/08/india-china-indian-ocean.

② 宋德星：《印度海洋安全战略研究》，北京：时事出版社，2016 年版，第 320 页。

③ 欧盟海上力量是欧盟在欧洲共同安全和防务政策框架下建立的军事力量，于 2008 年启动，任务定位是维护海上安全和打击海盗，目前其主要活动范围限于红海南部、索马里沿海、亚丁湾以及西南印度洋，参与方不仅有欧盟国家，也有挪威、乌克兰、新西兰等非成员国。

④ "阿塔兰特"行动司令部官网，"Indian Warship Escorts World Food Programme Vessel," https://eunavfor.eu/indian-warship-escorts-world-food-programme-vessel/。

⑤ "阿塔兰特"行动司令部官网，"Counter Piracy Partner Cooperation: India," https://eunavfor.eu/counter-piracy-partner-cooperation-india/。

高估印欧双方的海上非传统安全互动水平。印方认为欧盟缺乏足够的能力来参与印度洋的安全治理,欧盟也同样看待印度,双方仍然是"犹豫不决"的伙伴。[①]

在欧盟成员国与印度的非传统安全互动方面,"犹豫不决"表现得更为明显,印法很早就建立了密切的海洋安全联系,印法海军 1993 年起开始举行"伐楼拿"联合演习,法国也是印度倡议建立的印度洋海军论坛成员国,但是直到 2018 年马克龙总统访印之际,两国才决定扩大双边战略关系范畴,将海洋安全合作和反恐合作纳入其中。[②]

印度与英国的非传统安全互动同样是推进缓慢。虽然印度海军脱胎于英属印度海军,英国海军也一直是印度洋安全治理的重要参与方,但双方的非传统安全互动却不尽如人意。2018 年 10 月,英国下议院外交委员会举行了"全球英国与印度"(Global Britain and India)听证会,其中对海洋安全合作的设想依然停留在展望阶段,[③]与印度的有效协作自然也无从谈起。

## 第四节　印度洋海洋安全机制与印度的参与

有效的安全治理机制是确保地区长期稳定的根本,但机制本身又有利于大国主导地区事务。考虑到安全治理和权力竞争,印度一方面对推动海洋安全治理机制建设比较热心,成为区域海洋安全治理机制的主要推动者,另一方面又着力强化自身利益诉求,对海洋安全治理机制的发展造成了不利影响。

### 一、次区域安全治理机制

印度洋地理空间广阔,次区域之间缺乏联系,形成了破碎的地缘政治格

---

① Abhijit Singh, "Towards an India-EU security partnership in the Indian Ocean," Observer Research foundation, Apr. 06, 2017, https://www.orfonline.org/research/towards-an-eu-india-indo-pacific-connectivity-partnership/.

② B. K. Pandey, "Diplomacy - France: French President Visit Re-Energises Ties," *SP's Aviation*, Iss. 4, 2018.

③ Rahul Roy-Chaudhury, "India–UK: seeking convergence on international and regional security," Analysis of International Institute for Strategic Studies: Analysis, Nov. 23, 2018, https://www.iiss.org/blogs/analysis/2018/11/india-uk-convergence-security.

局,加之部分国家偏爱双边合作以及大国权力竞争的影响,次区域安全治理机制在目前印度洋安全治理机制中占据主导地位。[①]这些机制中既有域内国家之间的次区域治理机制,也有域外大国参与的次区域治理机制。

目前,印度洋国家之间涉及非传统安全的次区域安全治理机制主要是双边或小多边机制。例如,印度和马尔代夫于 1991 年正式启动"多斯蒂"(Dosti)海军联合演习,旨在维护海洋安全、打击海盗等非法活动,斯里兰卡从 2012 年起加入这一机制并将其转变为三边联合演习。[②]又如,新加坡、马来西亚、印度尼西亚等国为维护马六甲海峡安全建立了一系列合作安排,包括联合巡逻与信息共享等。[③]印度是这些合作机制中最积极的参与者之一:印度不仅是许多机制的创立者和参与者,印度海军的行动领域也覆盖了印度洋各海域。前文已提到印度与缅甸、泰国、印度尼西亚等国在双方海洋边界的联合巡逻,以及覆盖东印度洋地区的"区域综合多重危险早期预警系统",印度与毛里求斯、塞舌尔等国的专属经济区联合巡逻等,印度海军还积极参与对马六甲海峡的安全治理,维护航道安全。总体而言,印度对与域内国家的双边非传统安全合作态度非常积极,但是限于实力,目前的成就仍较为有限。

大国参与印度洋次区域非传统安全治理的机制主要有美国主导的"151"联合特遣舰队和欧盟海上力量"阿塔兰特"行动,两支力量都旨在打击亚丁湾海盗活动;"151"联合特遣舰队由美国海军第五舰队指挥,目前有33 个成员国。"阿塔兰特"行动隶属欧盟防务一体化机制,也有欧盟以外的欧洲国家参与。目前,印度与欧盟海上力量的合作水平显著高于与"151"舰队的合作,但合作水平都不深。印度虽然与日本、美国、法国等建立了常态化联合演习机制,但演习目标集中于传统安全,甚至有媒体毫不讳言,演习针对其他域外大国。中印两国在亚丁湾反海盗行动中有所合作,但内容

---

① Rahul Roy-Chaudhury, "Strengthening maritime cooperation and security in the Indian Ocean," Analysis of International Institute for Strategic Studies, Analysis, Sep. 6, 2018, https://www.iiss.org/blogs/analysis/2018/09/maritime-cooperation-indian-ocean.

② "Trilateral Joint Coast Guard Exercises – DOSTI XI," Ministry of External Affairs, Government of India. https://mea.gov.in/pressreleases.htm?dtl/19436/Trilateral+Joint+Coast+Guard+Exercises+DOSTI+XI.

③ 谭民:《马六甲海峡安全维护:复杂的机制与中国的参与》,《云南行政学院学报》,2019 年第 4 期,第 173 页。

十分有限。总体而言,无论大国与印度的外交和防务关系如何,印度对于印度洋非传统安全领域的大国合作都缺乏积极性。

## 二、区域安全治理机制

目前,覆盖全印度洋的区域海洋安全治理机制仅有印度洋海军论坛( Indian Ocean Naval Symposium, IONS )。该组织是于2008年由27国海军(或海岸警卫队)联合成立的泛区域性海洋安全机制,旨在推动相关海上安全力量之间的合作,反海盗、人道主义救援和灾难救助以及风险灾害管理等均是该组织的重要工作。[①]由于只向印度洋沿岸及在印度洋拥有领地的国家开放,该组织目前只有27个成员国,中日等8国以观察员身份参与活动。[②]印度在该论坛发挥了积极作用,印度洋海军论坛正是在印度海军的倡议下成立的,也是在2011年印度成为轮值主席国后重新恢复活力,并将海洋安全和灾害风险管理列入论坛优先合作领域的,[③]印度目前还是论坛下设的"人道主义救援和灾难救助"和"信息分享与互用"等两个工作组的主席国。[④]印度对论坛的发展和议题设置有显著影响,一些学者甚至认为印度有机会通过该论坛实现其主导印度洋事务的海洋雄心。[⑤]无论印度怀着何种目的,不可否认的是,该论坛正是在印度等国的推动下,才逐渐焕发生机的,成为地区海洋安全力量在非传统安全领域寻求合作的重要多边平台。[⑥]

此外,印度洋地区涉及海洋安全事务的较重要机制还有环印度洋联盟( The Indian Ocean Rim Association, IORA )。环印度洋联盟原名为环印度洋

[①] "Indian Ocean Naval Symposium in Kochi on 13-14 November," Bharat Defence Kavach, http://www.bharatdefencekavach.com/news/indian-navy/indian-ocean-symposium-in-kochi-on-13-14-november/66915.html.

[②] 印度洋海军论坛官网, http://www.ions.global/ions-working-groups。

[③] 石志宏、冯梁:《印度洋地区安全态势与印度洋海军论坛》,《国际安全研究》,2014 年第 5 期,第 110 页。

[④] 印度洋海军论坛官网, IONS Working Groups, http://www.ions.global/ions-working-groups.

[⑤] Udayan Das, "Indian Ocean Naval Symposium: Advancing India's Interests in the IOR," *The Diplomat*, November 15, 2018, https://thediplomat.com/2018/11/indian-ocean-naval-symposium-advancing-indias-interests-in-the-ior/.

[⑥] 刘思伟:《印度洋安全治理机制的发展变迁与重构》,《国际安全研究》,2017 年第 5 期,第 82 页。

区域合作联盟,成立于 1997 年,2013 年改为现名。该组织原本是经济合作组织,2009 年以后业务逐渐扩展到海洋安全领域,近年来对海洋安全给予了高度重视,其 2015 年发布的合作宣言明确表示,打击海盗和各种非法活动是其当前主要任务之一。2017 年,环印度洋联盟雅加达峰会通过了《防范和打击恐怖主义和暴力极端主义宣言》( Declaration on Preventing and Countering Terrorism and Violent Extremism )。虽然其中没有明确提到海洋恐怖主义和暴力极端主义,但将防范和打击恐怖主义列在联盟官网海洋安全条目之下,共同应对非传统安全自然是其题中应有之义。在这次峰会上,成员国还决定建立海洋安全工作组,后者已于 2018 年 9 月正式成立。[①]印度在环印度洋联盟中所发挥的作用十分复杂:一方面,正是在印度和澳大利亚的共同推动下,环印度洋联盟在 2011 年班加罗尔峰会上决定将海洋安全列入其优先领域;另一方面,印度周边小国对印度存有担忧,印度又反对在该机构中讨论可能引发矛盾的议题,这是该机构效率低下的重要原因。[②]

## 第五节　印度与印度洋域内外国家非传统安全互动的特点

印度在印度洋非传统安全治理问题上有着雄心壮志,自诩为"净安全提供者",但是,印度的实际行动受到自身实力和大国竞争的制约。多种要素的共同作用,使印度海军与域内外国家的非传统安全互动在互动水平、议题以及对象上呈现出鲜明的特点。

### 一、地理空间的不均衡性

不均衡性意指印度海军与域内国家的互动水平差异很大,虽然印度海军自诩为印度洋的领导者,认为"大多数印度洋国家都期望印度站出来确保区域安全",[③]但从域内国家对印度领导地位的态度来看,印度实际上没有能

---

① 环印度洋联盟官网, https://www.iora.int/en/events-media-news/events/priorities-focus-areas/maritime-safety-and-security/2019/first-meeting-of-the-iora-maritime-safety-and-security-working-group。

② 卓振伟:《澳大利亚与环印度洋联盟的制度变迁》,《太平洋学报》,2018 年第 12 期,第 22 页。

③ Freedom to Use the Seas: India's Maritime Ministry Strategy, Ministry of Defence, Government of India, p. 91.

够做到这一点：绝大多数国家与印度的互动只停留在塑造友好关系或对等合作的层次，真正自愿认可其区域非传统安全治理领导者地位的仅塞舌尔、毛里求斯、马尔代夫三个群岛国家。印度同这三国可以进行政治敏感度非常高的专属经济区巡逻，承担国家安全力量的建设和培训业务，并通过提供安全顾问，影响三国的外交和安全政策，最终导致三国的海洋安全对印度产生了一定依赖性。

对于印度非常重视的东南亚地区，拉贾·莫汉认为，印度作为"净安全提供者"的构想在东南亚并未得到充分实现。①这一判断无疑是中肯的。虽然印度与东南亚国家建立了较密切的防务关系，但东盟在安全方面的基本政策是建立在地区团结基础上的独立自主，排斥外部大国干涉，外部大国参与东南亚地区安全议题的讨论和解决也要在东盟主导的框架下进行。②因此，印度与东南亚国家的非传统安全互动集中于与印度洋边界相邻的国家，其海军力量主要是在东盟海洋边界以外进行安全管控。虽然印度与新加坡和越南均保持了密切的安全合作关系，但印度的非传统安全行动一直未能深入东盟内部。

西北印度洋地区的海洋安全治理目前由美国领导下的联合海上力量（Combined Maritime Force）所主导，其下辖 150、151、152 联合特遣舰队（CTF-150, CTF-151, CTF-152)，分别负责反恐、反海盗以及海湾地区安全，目前有 33 个成员国。③印度虽然没有加入该组织，但与其成员国保持合作关系。联合海军力量实力强大，而印度在西北印度洋常态化部署的一至两艘舰艇自然相形见绌。因此，在西北印度洋，印度目前依然是搭便车者，这种地位短期内也无法改变。

目前，印度海军的常态化部署与机制性联合海上巡逻主要集中在北印度洋。这一区域是印度洋的关键航道，也是印度获取油气资源并开展对外贸易的主要航线。但印度对这一航线两翼安全治理的投入甚大而收益有限，也谈不上什么净安全。换言之，印度可以提供净安全的区域目前仅限于塞

---

① [印]拉贾·莫汉:《莫迪的世界》，朱翠萍、杨怡爽译，北京：社会科学文献出版社，2016 年版，第 170 页。
② 刘若楠:《权力管控与制度供给——东盟主导地区安全制度的演进》，《世界经济与政治》，2019 年第 3 期。
③ 联合海军司令部官网，https://combinedmaritimeforces.com/about/。

舌尔、毛里求斯、马尔代夫三个岛国。

印度海军实力有限，虽然近年来越来越重视海洋安全并宣布了其宏大的发展计划，但这些计划并没有得到很好的实现，其海军对外投送能力依然不足。[①]另一方面，印度洋地区地缘版图破碎，缺乏整合性的政治力量，安全治理目前以区域治理为主，也给印度扩展影响力造成了一定阻碍。印度海军所提出的"净安全提供者"针对整个印度洋，在外交上也对各片区有不同的政策宣示：对西北印度洋，印度有"向西看"（Look West）战略；[②]对于东南亚，印度有"向东看"和"向东行动"战略；在非洲印度洋沿岸，印度提出"萨加尔"战略；从中可以发现印度对印度洋安全治理宏大的意愿。不过，从现实情况看，印度距实现地区"净安全提供者"自我定位的目标还有很大一段距离。

**二、安全议题的政治化**

非传统安全是合作型安全，国家行为体的暴力运用对象是非国家行为体，而不是另一个国家行为体，一方的安全意味着其他国家的安全。从这一点出发，非传统安全治理不应成为国家竞争的新战线。但是，国家也可给非传统安全治理赋予政治色彩。换言之，安全本身不再是目的，或不再是全部目的，而是作为政治工具，借助非传统安全合作控制相关海域，以争取大国竞争中的优势。这就意味着安全议题的政治化。印度虽然讳言这一点，但它与域内国家的非传统安全互动的确具有这一特征。

印度对马尔代夫的安全援助虽然帮助马方缓解了安全局势，但印方对马方采取霸权外交政策，对于马方与域外大国的合作高度警惕，这与马尔代夫希望获得自主性的需求背道而驰，阻碍了马方从其他国家获得印方难以提供的安全援助，造成了印马双边安全关系的裂痕。2018年6月，马尔代夫要求印度将印方援马方但由印方实际操作的两架北极星直升机撤回一架，印度在马尔代夫援建警察学院一事也被搁置，《印度时报》揣测是所谓中国"渗

---

① 刘红良、吴波：《印度作为"净安全提供者"的观念、现实及制约》，《南亚研究》，2017年第2期。

② Parthasarathy, "India's well-timed 'Look West' policy," *The Hindu Businessline*, Jul. 26, 2017, https://www.thehindubusinessline.com/opinion/indias-welltimed-look-west-policy/article9789561.ece.

透"令马尔代夫政府三心二意。①这些都说明印马两国在非传统安全方面的确存在一定矛盾。

这种情况在印度与域内国家的非传统安全互动中并不罕见。印度很多分析人员相信,中国正实施所谓"珍珠链"战略,悄悄地在斯里兰卡、马尔代夫、塞舌尔、毛里求斯、吉布提等地建立军事和政治影响,又称正是为了应对中国在这些地区的活动,莫迪才高度重视与马尔代夫、毛里求斯、塞舌尔等国的关系。莫迪总理 2015 年访问上述三国,与三国签订一系列新的协议,试图深化双边安全合作,外界将此解读为试图借此排挤中国影响。②

### 三、合作对象倾向于中小国家

第一章已经分析,印度海洋安全战略的长远目标是实现对印度洋的掌控,这一目标的地理范围覆盖了整个印度洋海域。以这样的雄心为目标,印度必然成为印度洋地区秩序的改变者。这样,印度就不得不与英、法、美等国际维持现状,以及与试图进入印度洋的外部大国发生分歧乃至冲突。虽然非传统安全概念本身不同于大国权力竞争,但一旦涉及利益分配和影响力塑造,任何国际问题便不得不自动纳入大国竞争的范畴,非传统安全也不能例外。从地缘政治角度来认知域外大国在印度洋维护海洋安全的行动,其合乎逻辑的结果便是大国合作难以实现。

印度与美、英、法等国均有非常密切的外交或安全关系,但在应对非传统安全威胁方面的合作却十分有限,印美双边合作尤其如此。近年来,印美双方在军事技术、军贸以及地区安全问题上合作进展迅速,印度的对美军购甚至可以得到"准盟友"待遇,但两国在军事和传统安全问题上的密切合作并未外溢到非传统安全领域,两国在印度洋非传统安全治理中几乎没有找到什么共同话题,甚至存在一定的竞争。印度虽然不希望和美国发生冲突,但一旦失去了共同认知就会成为竞争的对手,两国在安全领域也就很难实

---

① "Maldives ties take a dip as India told to take back 2nd copter," *The Times of India*, Jun. 5 2018, https://timesofindia .indiatimes.com/india/another-reverse-for-india-as-maldives-orders-second-indian-gift-chopper-out/articleshow/64454150.cms.

② Ankit Panda, "Modi will visit Mauritius, Sri Lanka, and the Seychelles. A planned visit to the Maldives has been cancelled," *The Diplomat*, Mar. 06, 2015, https://thediplomat. com/2015/03/indian-prime-minister-narendra-modi-prepares-for-an-indian-ocean-tour/.

现有效合作。由于复杂的历史和现实原因,印度长期不信任中国,双方在印度洋非传统安全领域难以开展深入合作。

在印度洋内部,由于缺少能与其竞争的国家,印度反而显得心胸开阔。除巴基斯坦外,印度对域内国家的非传统安全合作态度十分积极;即使是与巴基斯坦保持特殊关系的沙特阿拉伯等伊斯兰国家,印度近年来也在积极寻求突破;在非洲的印度洋沿岸等暂时看不到明显战略收益的地区,印度海军也经常抵达。整体来看,除巴基斯坦外,印度洋域内国家与印度的非传统安全合作均有较广阔前景。

印度的合作对象集中于中小国家不仅体现在双边关系中,在多边合作中也表现得十分明显。印度对域外大国参与地区安全治理机制比较警惕,不希望域外国家发挥较大作用尤其是领导作用。这种认知使印度的合作对象局限于中小国家,并排斥外部力量对印度洋安全治理的参与。但矛盾的是,印度并没有能力提供足够的安全公共产品,这种排斥外部力量的行为不仅不利于印度洋安全治理机制的发展,也不利于有效应对印度洋地区的海上非传统安全威胁。[1]

---

[1] 刘思伟:《印度洋安全治理制度的发展变迁与重构》,《国际安全研究》,2017年第5期,第91页。

# 第三章　非传统安全治理对印度 "印度洋战略"的影响

印度海军在印度洋战略指导下积极推进非传统安全治理。这一举措的成效,既取决于内外部环境是否有利于印度,也取决于印度海军对其印度洋战略的执行情况。得益于稳定的环境,印度海军在过去十余年里有条不紊地按照海洋安全战略推进非传统安全治理。通过提供地区国家急需的安全公共产品,印度正在实践作为"净安全提供者"的自我定位,获得了域内部分国家对其大国地位的支持;通过在反海盗名义下建立海外军事基地,加强了在关键海域塑造事态的能力,改善了印度在大国竞争中的地位,距成为印度洋领导者这一海洋安全战略的根本目标更近了一步。印度一直有争夺印度洋海权的意图,但当前的印度还没有如此实力,加之印度在与域内国家的交往中比较注意维护"良性大国"的形象,故除南亚地区外,域内中小国家自主性与印度潜在霸权的矛盾尚未凸显;然而当域外大国涉足印度洋非传统安全治理时,印度便充分展示了其政策;这一信号或许会在不久的将来会引起域内国家警惕,导致印度追求全球大国的步伐遇到来自印度洋内部的阻力。

## 第一节　印度的战略机遇期

从本质上讲,战略所涉及的是确定国家需要什么以及如何满足这一需要。战略规划受诸多长时段因素的影响,涉及地理、历史、文化、技术、经济、政治结构和决策过程等多方面,这些因素在较长时段内变化不大,或者变化大体上可以预测到。所以,决策者在制定战略的过程中,可以排除偶然因素的影响,不需要过多考虑细节即可勾勒出未来某一时期的目的和手段框架。这种框架一经制定出来,便会保持稳定。

实践受诸多偶然因素的影响，充满不确定性。偶然因素可能导致外部环境发生巨大变化，从而导致国家行为的改变。即使外部环境处于理想状态，不同领导人对于战略理解的不同以及个性的差异，仍可令实践偏离战略规划的本意。很多时候，国家行为只不过是对外部环境变动的即时反应，其过程虽然符合一贯逻辑，结果却未必符合行为者的意图；某些情况下，即使起因和过程都符合行为者的意图，结果也未必如愿。因此，复杂而不可预测的偶然性，使实践与战略之间不可避免地出现了一道鸿沟，无论是战略对实践的指导，还是实践对战略的反馈，其过程和结果都是不完全确定的。

印度两份海洋安全战略文件之间相隔了8年，最新的文件距离至今也过去了6年，国际形势风云变幻，海洋安全威胁的演变、海军实力、双边关系、大国竞争、领导人意图等，都可能对印度海军的非传统安全合作造成重大影响，使其偏离原有设计轨道，从而对其印度洋战略构成消极与积极的双重反馈。对印度而言，幸运的是，以上影响因素中的大部分在最近十余年变动不大，有些地方甚至还发生了有利于印度海军的变动。由此，印度海军得以比较稳定地推进与相关国家的非传统安全防务关系。

最近十余年，印度洋权力格局变动不大。中国在世纪初便已在印度洋开展活动，于2008年借助亚丁湾反海盗活动实现了海军舰艇在印度洋的常态化部署。但是，随着中国日益强大，特别是提出致力于建设海洋强国，致力于"一带一路"建设之后，中美在海上的较量便以前所未有的规模和强度展开了，[①]这种局势将中国海军牵制在西太平洋，难以在印度洋投入太多力量。时至今日，中国海军在印度洋的影响力依然十分有限。在过去很长一段时间里，美国都是印度洋海权的实际拥有者，今天依然如此。美国通过在中东和新加坡的部署，控制了印度洋的东西两大出口，在迭戈加西亚的基地又使美军得以通过远程雷达和战略轰炸机监控印度洋大部分海面。[②]但是，中美在西太平洋的竞争和奥巴马时期的"重返亚太"政策使美国短期内很难在印度洋投入太多兵力，为了提升双边关系并维护印度洋的稳定，美国不得不给印度一定空间。因此，美国不仅不反对印度在印度洋提升影响力，反

---

① 宋德星：《印度海洋安全战略》，北京：时事出版社，2016年版，第294页。

② David Axe, "Diego Garcia: Why This Base Is About To Get Much More Important to the U.S. Military," The National Interest, Feb. 26, 2019, https://nationalinterest.org/blog/buzz/diego-garcia-why-base-about-get-much-more-important-us-military-45682.

而予以支持和鼓励。比如,今日印度海军的重要自我定位——"净安全提供者",便是时任美国国防部长罗伯特·盖茨于 2009 年在香格里拉对话上所提出的。当时,盖茨在会上表示期待印度在印度洋及其以外地区成为"净安全提供者"。①不难看出,中美竞争给了印度巨大的战略窗口期,使印度得以较为平稳地扩展其影响力。

在海洋安全威胁领域则出现了有利于印度海军的变化。印度海军在其海洋战略文件中声称,许多印度洋国家都期望印度站出来,承担大国责任,维护印度洋的海洋安全。②这种说法颇有宣传意味,但也不全是无本之木。随着印度洋地区非传统安全威胁日益加重,印度洋许多小国无力应对复杂的海洋安全形势,即使是中等国家,也不得不寻求外部帮助,以提升安全水平。作为印度洋地区的最大国家,印度实力较强,地理位置优越,在争夺印度洋非传统安全治理领导权上有天然优势。当前,印度是印度洋公共安全产品的重要提供者:不仅新加坡、塞舌尔等印度洋地区的小国承认印度的领导地位,印尼、南非等中等国家对印度的积极作用乃至一定程度的领导地位也未完全否定,虽然有所保留,也不得不部分承认印度在印度洋地区非传统安全治理上的某种领导地位。③

大国竞逐所造成的印度洋权力空隙,以及海洋安全形势为印度提供的机遇,恰与印度的历史性崛起重合。随着印度经济迅速增长,印度的海军建设也凭借强大的财政支持快速推进。从 2013-2014 财年到 2020-2021 财年,印度海军军费从 3339.3 亿卢比增长到 4962.3 亿卢比,增长了将近 50%。2013 年,印度海军从俄罗斯购买的"维克拉马蒂亚"号航空母舰入列。2015 年,印度海军"加尔各答"级大型导弹驱逐舰"科钦"号入役。同年,世界上最先进的 P-8I "海神"巡逻机加入印度海军。目前,印度海军拥有大中型水面战斗舰艇 27 艘,且入列时间大部分在 2000 年以后,还装备有俄美的先进远程海上巡逻机,已成为印度洋首屈一指的海军力量。④迅速崛起的印度海

① 刘红良、吴波:《印度作为"净安全提供者"的观念、现实及制约》,《南亚研究》,2017 年第 2 期,第 74 页。

② *Freedom to Use the Seas: India's Maritime Ministry Strategy*. Ministry of Defence, Government of India, p. 91.

③ 刘红良、吴波:《印度作为"净安全提供者"的观念、现实及制约》,《南亚研究》,2017 年第 2 期,第 92 页。

④ 印度海军官网:Combat Platforms, https://www.indiannavy.nic.in。

军为印度抓住难得的战略窗口期提供了强大的实力支持。正是在这样的背景下，印度海军得以自信地赋予自身"净安全提供者"的身份定位，并通过活跃的海洋安全行动将这一定位付诸实践。

正是以上因素的稳定或有利变化，使印度海军在推行其印度洋战略中受到的外部偶然性干扰最小化，最大地发挥出非传统安全治理对其印度洋战略的正反馈。不过，外部因素终究有所变化，对印度海军的非传统安全行动也构成了一定影响，突出表现为中国在印度洋的影响力上升，印度对中国与印度洋域内国家合作的猜疑，以及膨胀的实力使印度海军行动越发自信。这些影响因素又导致印度海军的非传统安全合作在一定程度上偏离了其海洋安全战略。具体而言，印度海军积极参与海洋非传统安全治理，维护了印度的国家利益，也提升了印度在区域内的权威，增强了印度的领导权。同时，过于关注大国竞争又使外部世界对印度的意图产生了猜疑，不利于印度建设"友好海上力量"的形象，从而影响到其海洋安全战略远期目标的达成。

## 第二节 维护印度的国家利益

印度的印度洋战略首要关注点在于印度的国家利益，《印度海洋安全战略》前言写道，印度的安全和繁荣与印度洋紧密联系在一起……，今天的印度海军仍然是印度海上力量的主要表现形式，在维护和促进其在海洋领域的安全和国家利益方面发挥着核心作用。[1]印度在印度洋的国家利益主要有以下几类：保卫印度在海洋环境中的领土和主权完整，保卫印度在海洋领域的公民、贸易、能源、航运、渔业和资源，保卫印度海域、邻近海域以及其他与国家利益有关海域的安全和稳定，保护和筹划（preserve and project）海洋领域的其他利益。[2]结合印度所处的具体环境，可将其中属于非传统安全领域的利益分为三类，即近海和海岸安全、能源和贸易航线安全以及海外印度公民安全。

---

① *Ensuring Secure Seas: Indian Maritime Security Strategy*, Ministry of Defence, Government of India, Foreword.

② Ibid., p. 9.

## 一、增进印度近海和海岸安全

2015年莫迪政府执政后,保卫印度沿海和近岸安全成为印度海军的基本任务之一。在此前数年和此后一段时间中,印度海军采取了许多措施来提升与海岸警卫队和其他海事机构的合作,促进了印度沿岸的安全。

2010年底,索马里海盗深入印度拉克沙群岛附近活动并俘获一艘孟加拉国商船,印度海军在距印度海岸仅70海里处将其夺回。此后数周,印度海军和海岸警卫队在拉克沙群岛附近展开联合监控和搜索行动,2011年1月再次在拉克沙群岛挫败一起海盗袭击。[1]除打击非法武装团体以外,灾难救助和海上搜救也是印度海军的重要任务,印度海军利用专业的装备和技术人员,以及大中型舰艇和航空平台,在沿海地区灾难救助和海上搜救行动中扮演了重要角色。2017年12月,"奥科奇"(Ockhi)飓风袭击拉克沙群岛和米尼科伊岛(Minicoy Island),造成严重后果,印度海军迅速出动大规模兵力,其中包括"钦奈"号和"加尔各答"号等主力驱逐舰在内的十余艘舰艇,以及P-8I巡逻机和"海王"直升机等。印度海军舰艇向灾区运送食物、毛毯和饮用水,帮助当地政府清理垃圾,积极开展海上搜救行动,其搜救范围一度远达马尔代夫。印度海军快速和及时的行动救出了至少148名渔民,为至少174名受困海上的渔民提供了维持生命的物资。飓风离开后,印度海军依然留在灾区,进行警戒和灾后重建活动,其活跃的参与对灾区恢复做出了较大贡献。[2]

## 二、保护海外印度人

印度拥有超过3120万海外印度人,其中既包括长期或短期旅居外国的印度公民,也包括已经加入当地国籍的印裔及其后裔。海外印度人是印度政府十分关注的对象,他们通过汇款的形式,对印度经济发展做出了很大

---

① "Navy foils piracy attempt off Lakshadweep Islands," *The Indian Express*, Jan. 29, 2011, https://indianexpress.com/article/news-archive/web/navy-foils-piracy-attempt-off-lakshadweep-islands/.

② 印度海军官网,"Indian Navy's Search and Rescue Operations – 'OCKHI': Page 2 of 5," https://www.indiannavy.nic.in/content/indian-navy%E2%80%99s-search-and-rescue-operations-ockhi-0/page/0/1。

贡献，汇款总额甚至超过了印度接受外国直接投资和国际援助的总额。以2017年为例，当年印度接收外国直接投资和国际援助总额大约为430亿美元，而同期海外印度人汇款达到690亿美元。①然而，海外印度人的安全环境却不容乐观。大部分海外印度人居住在印度洋周边，其中又有约900万人居住在比较动乱的西亚和非洲印度洋沿岸地区，这些都被印度海军视为安全挑战。②

为了保卫海外印度人的安全，印度海军最近几年多次执行非战斗性撤离任务，代表性的有2006年在黎巴嫩执行的"苏孔"（Sukoon）行动，2011年在利比亚执行的"鲜花盛开"（Blossom）行动，2014年在科威特执行的"卡佩拉"（Capella）行动，2015年在也门执行的"拉哈特"（Rahat）行动，四次行动共撤出3697名印度公民。③除撤侨外，印度海军还是重要的远海救援力量。2018年5月，"梅库鲁"（Mekunu）飓风席卷也门和索马里之间的索科特拉岛，导致3艘印度帆船遇险，38名印度公民被困。在收到相关海事组织请求后，正在亚丁湾的"苏拉纳"（Sunayna）号护卫舰立刻开始执行"尼斯塔"（Nistar）行动，成功救出被困者。④总体而言，由于印度国力有限，其撤侨和海外救援行动的规模和频率与其他海洋强国相比均显不足，但不可否认，印度海军已做出了很大努力，也取得了明显成就。

### 三、有利于维护印度远洋航线安全

随着经济的迅速发展，印度的海外贸易也不断增加。这些海外贸易绝大多数都通过海运进行，由此促使印度建立了一支越来越庞大的商船队。海运在印度经济生活中的重要性使印度海军十分关注远洋船舶安全。与重要性形成显著对比的是，印度的主要海运航线集中分布在马六甲海峡－印

---

① Himanil Raina, "India and the Protection of its overseas Nationals," National Maritime Foundation, Dec. 03, 2018.

② *Ensuring Secure Seas: Indian Maritime Security Strategy*, Ministry of Defence, Government of India, p. 30, p. 31.

③ Ibid., p. 99.

④ "Cyclone Mekunu: Indian Navy evacuates 38 stranded Indians from Yemen," *Hindustan Times*, Jun. 03, 2018. https://www.hindustantimes.com/india-news/cyclone-mekunu-indian-navy-evacuates-38-stranded-indians-from-yemen/story-L7v5L1dKQm9QxwMzG0rP-GO.html.

度和印度－阿拉伯海－苏伊士运河这两条航线上。马六甲海峡和阿拉伯海均是海盗和武装劫船活动的高危海区。重要性和危险性的强烈对比构成了高度的敏感性,迫使印度海军积极打击海盗和武装劫船活动,维护航行安全。

2008年6月2日,联合国安理会通过"第1816号决议",决定在索马里过渡联邦政府事先知会联合国秘书长的情况下,同过渡联邦政府合作打击索马里沿海海盗和武装劫船行为的国家,可在遵守国际法的前提下进入索马里领海打击海盗。自2008年10月23日起,印度海军开始在红海和亚丁湾常态化护航。据印度国防部2016-2017年报告,印度已在亚丁湾部署61艘次舰艇,为3325艘次商船(其中388艘次悬挂印度国旗)及24450名印度海员护航。报告认为,正是由于其活跃行动,自2012年起,阿拉伯海东部再未报告过海盗威胁。[1]在印度洋的东侧,印度海军积极与新加坡等国合作,加入马六甲海峡安全治理,其部署在安达曼－尼科巴群岛的航空中队参与了多次反海盗行动,是监视马六甲海峡海盗活动的重要力量。[2]印度海军还积极推动区域反海盗机制的运作,除第二章提到的推动反海盗问题进入印度洋海军论坛等区域安全机制议程外,印度海军还强调自己会持续支持《亚洲地区反海盗和打击武装劫船合作协定》机制、索马里海岸反海盗联络组(Contact Group on Piracy off the Coast of Somalia)、信息共享与防止冲突(Shared Awareness and Deconfliction)等区域反海盗合作机制的发展和运作。[3]总体而言,印度海军已成为印度洋区域反海盗的关键性力量。

## 第三节　提升印度的区域影响力

完全掌握印度洋海权是印度"印度洋战略"的终极目标,其最完美的实践表现形态如潘尼伽所言,即在印度洋的关键通道布置海空军基地,形成一

---

[1] *Annual Report 2016-2017*, Ministry of Defence, Government of India, p.28.

[2] "INAS 318 – The Hawks," official website of Indian Navy. https://www.indianna-vy.nic.in/content/dornier.

[3] *Ensuring Secure Seas: Indian Maritime Security Strategy*, Ministry of Defence, Government of India, p. 90.

个环绕印度的"钢圈"，印度便可待在"安全区"内高枕无忧。①达到这样宏大的目标不是一朝一夕之事。以印度当前的实力和国际地位，要想将印度版"门罗主义"扩展到全印度洋，首先要做的是，不断提升地区影响力，进而谋求更大更可靠的权力，这既是印度"印度洋战略"的内在要求，也是印度海军的阶段性目标。

在海洋安全的场景下，印度可以通过两种路径建立影响力：一是军事强制力。当前的印度海军虽然没有能力按潘尼伽的构想构建"钢圈"，实现对印度洋的军事控制，阻止敌对势力进入印度洋或在印度洋损害印度利益，但在部分关键海域建立有限的军事基地是可以办到的，这样也可在一定程度上限制对手的活动。二是构建软实力，即通过提供公共产品，塑造友好的大国形象，从而在地区建立权威。考虑到印度在历史上形成的文化影响，海外印度人在当地的政治影响，以及印度洋严峻的非传统安全形势和能力有限的中小国家林立所形成的强烈张力，印度实际上同时采纳了上述两种路径。这两种路径并不是相互孤立的，任何一种路径的成功都可能对另外一种产生影响，具体影响是负面或者正面则取决于战略环境。在当前有利的战略环境之下，印度颇为成功地通过非传统安全合作在两条战线上均取得了较大成就。

**一、构建软实力**

印度海军自视为印度洋的警察，但又自我辩解称并不期望成为恶霸，而是希望树立"友好警察"的形象，成为友好的公共产品提供者，以此行使印度的领导权并希望这种领导权能够得到其他国家的认可。印度海军认为，在未来可预期的时间内，印度洋爆发传统海军决战的可能性较小，当务之急是应对日益严重的非传统安全威胁；指向舰队决战的马汉式海军早已不完全符合印度洋的当前需求，杰弗里·帕克所定义的"后现代海军"才是印度洋域内国家海军的未来。因此，在当前战略环境下，所谓"净安全提供者"主要指在非传统安全领域提供"净安全"，并进而通过这一途径树立友好警察的形象。

---

① [印]潘尼迦：《印度和印度洋——略论海权对印度历史的影响》，德隆、望蜀译，北京：世界知识出版社，1965年版，第9页。

维护非传统安全既符合印度洋的实际需求,也符合印度海军当前的实际。首先,非传统安全领域政治敏锐性较低,不太容易引起警惕,操作起来可以规避政治障碍;其次,非传统安全治理占据道德制高点,更容易在国际社会树立负责任大国的良好形象,有利于争取国内社会认同印度海军政策;最后,印度海军实力较弱,很难在远海进行高烈度冲突,而非传统安全冲突烈度一般较低,所需兵力少,对海外军事投送能力要求低,正好符合印度海军的现实条件,有利于其扬长避短。

前文已指出,印度海军与域内国家的非传统安全互动具有地理上的不均衡性,其主要互动对象分布在印度洋两翼,这一点似乎是缺陷,与实现"印度人的印度洋"这一目标差距甚远。但是,国家安全战略首先要考虑利益的底线和能力的极限。①印度海军认识到将印度洋变成印度之洋只能是一个遥远的目标,所以在战略文件中明确区分了首要利益区和次要利益区,使战略投入有所侧重。在 2007 年的《印度海洋军事战略》中,印度海军划定的主要利益区包括印度东西两侧的阿拉伯海和孟加拉湾;印度洋与外部海域连接的关键通道——好望角、马六甲海峡、曼德海峡、波斯湾和霍尔木兹海峡,印度洋岛国,印度洋地区的关键航线,这些都是印度海军必须控制的海域。包括南印度洋在内的其余海域则是次要利益区。这一规划是在印度经济迅速崛起的背景下制定的,利益区的划分也就以维护贸易和能源通道为核心。同时,关键利益区也是国际热点地区。就此而言,文件精确地把握了印度的海洋安全利益和国际格局的未来走势,也十分符合印度海军的能力现状。在实践中,印度海军大体上遵循了利益区划分的原则,印度海军活跃的非传统安全互动对象主要分布在南亚次大陆的两翼和西南印度洋岛国,这一政策为印度在印度洋推行非传统安全治理奠定了基础。

马尔代夫、毛里求斯和塞舌尔三个岛国人口少、经济薄弱,利益有限,为其提供充分援助不需要太多投入。就印度的国力而言,在邻近岛国每年开展两次联合巡逻并提供财政援助算不上什么负担。通过低成本的安全投入,印度成功地在三国对外关系上拥有了特殊地位,三国都承认印度在印度洋地区的某种领导地位。在西北印度洋,印度不但利用反海盗行动积极加强与阿曼的传统关系,而且锐意进取,以非传统安全合作为突破口,积极改善

---

① 张文木:《新时代:国家战略能力与地缘博弈》,《经济导刊》,2018 年 5 月,第 76 页。

了与沙特阿拉伯等国的关系。由于巴基斯坦因素，印度与西亚伊斯兰国家的双边关系面临着较大障碍，但双方自 2008 年孟买恐怖袭击以来在反恐领域找到了不少共同话题，共同应对恐怖主义令印度与西亚国家的关系获得了重大进展。[①]印度与沙特阿拉伯、阿联酋、科威特、卡塔尔等国在海洋领域的反恐合作在 2008 年以后取得了令人瞩目的成就，[②]进一步拉近了印度与相关国家的双边关系。在东南亚，印度一方面与缅甸、印度尼西亚和泰国加强非传统安全合作，另一方面借助与越南和新加坡的防务关系，越过马六甲海峡，在南海建立影响力。目前，印度已成为东盟的重要战略伙伴，双方高度重视进一步加强战略沟通，增强政治互信，推动务实合作。在印度与东盟关系取得实质性进展的诸多促进因素中，非传统安全治理是不可忽视的领域。[③]通过积极努力实践"净安全提供者"的自我定位，不仅新加坡、塞舌尔等印度洋地区的小国积极支持印度在本区域发挥更大作用，印度尼西亚、南非等中等国家对印度发挥的特殊作用也并不完全否定。

**二、强化区域军事控制力**

在任何历史时期，越过国境线的军事行动都受到后勤能力的制约。一般而言，前线距离国境线越远，后勤成本越大；换言之，对外军事行动的强度与超出国境线的距离呈负相关。迈克尔·曼的研究表明，在国际关系领域，国家权力的广度和强度是矛盾的，权力的广度越大，强度也就越弱。因此，国家权力遵循"距离衰减规律"。为了克服距离所导致的权力衰减，大国往往采取建立海外军事基地的策略。[④]海外军事基地可以大规模储存物资，为持久性的军事行动提供补给，成为国家权力的放大器，其本身也可长期驻扎

---

① Raghavan, P S, "The Making of India's Foreign Policy: From Non-Alignment to Multi-Alignment," *Indian Foreign Affairs Journal*, Vol. 12, Iss. 4, pp. 326-341.

② Abhijit Singh, "India's middle eastern naval diplomacy," Observer Research Foundation, Jul. 28, 2017,https://www.orfonline.org/research/india-middle-eastern-naval-di-plomacy/#:~:text=India%E2%80%99s%20recent%20naval%20diplomatic%20forays%20in%20the%20Middle,to%20strengthen%20maritime%20cooperation%20across%20the%20Asian%20littorals.

③ 骆永昆：《印度东进东南亚：新进展、动因及影响》，《和平与发展》，2019 年第 4 期。

④ 杨震、董健：《海权视域下当代印度海军战略与海外军事基地》，《南亚研究季刊》，2016 年第 2 期，第 12 页。

军事力量并承担军事打击和情报搜集的跳板,从而成为某一区域的权力投送中心。因此,海外军事基地是全球大国的权力基石之一,也是国家从防御性战略转向进攻性战略所要争取的资源。

在独立以后很长一段时间内,印度的印度洋战略基本上是防御性的,海军以保卫海岸线并压制巴基斯坦海军为核心任务,虽然不乏海权人士提出争夺印度洋海权的主张,但这一要求并没有可靠的实力基础。此时的印度倡议印度洋和平区并领导不结盟运动,印度海军也很难为建立海外军事基地提出充足的理由。冷战结束后,印度实力上升,大国雄心凸显,逐渐将印度洋的大部分甚至全部纳入印度的关键利益区。此后,为确保在和平时期可监控印度洋,在战时可在印度洋任何角落维护印度利益,建立海外军事基地的问题就变得越来越重要。在这一进程中,由于传统安全问题不是绝大多数印度洋国家的当务之急,共同应对非传统安全问题就为印度建立海外军事基地提供了动力。随着印度海军在更广阔的范围履行"警察角色",其海外军事基地也逐渐得到发展。

2007年,印度在马达加斯加北部租借一块土地,建成了第一个海外监控设施,打击海盗和恐怖主义是其重要任务。为了及时进行情报共享,该设施还会与位于科钦和孟买的海军情报设施相连。[①]此后,印度在毛里求斯、塞舌尔、马尔代夫等国也建设了监控设施、直升机航空站和舰艇泊位。建设海外军事基地是印度对三个岛国非传统安全援助的主要安全收益,这些设施不仅服务于所在国,也服务于印度海军。印度海军有一项名为海岸监视雷达系统(Coastal Surveilance Radar System)的项目,计划利用部署在印度本土和印度洋岛国的雷达加强海洋态势感知能力,该计划目前已在包括马尔代夫、毛里求斯在内的印度洋沿岸多国落地。在印马两国2009年签署的防务合作协议中,印度承诺援助马方的直升机和雷达站有一部分由印方负责操作,这无疑有利于加强对印度洋部分海域的监控。借助亚丁湾反海盗行动,印度顺理成章地获得了阿曼杜克姆港的使用权,该港可以支持印度海军在亚丁湾进行数月的军事行动。实际上,印度海军不仅将杜克姆港视作反海盗舰队的补给基地,也尝试在此部署潜水艇和P-8I远程海上巡逻机。

---

① "India activates first listening post on foreign soil: radars in Madagascar," *The Indian Express,* Jul. 18 2007, http://archive.indianexpress.com/news/india-activates-first-listening-post-on-foreign-soil-radars-in-madagascar/205416/.

总之，这一基地的建成将加强印度对亚丁湾和乃至整个西亚海洋安全的影响力。[①]

从地缘政治上看，这些以打击海盗和恐怖主义为名所建立的基地，其意义绝不限于对付海盗。这些基地普遍位于印度洋的关键位置，位于马达加斯加的基地可以监控莫桑比克海峡，这里是印度洋的关键出入口之一，是超级油轮和货轮的必经之路；杜卡姆港位于阿曼南部沿海，面向阿拉伯海，西濒红海，东临波斯湾，其战略意义不言而喻，一些分析家毫不讳言地称该基地将极大地有利于印度在印度洋大国权力竞争中获取优势；[②]毛里求斯、塞舌尔分居西南印度洋南北两侧，正好与位于马达加斯加的基地形成呼应之势，为印度掌控西南印度洋提供了有力支撑；马尔代夫居于印度洋中部，与印度相去不远，两国互为犄角之势，该处基地的建成使印度对中部印度洋的控制能力超越印度本土的限制而继续向南延伸，从而将经过印度洋中部的主航道完全纳入视野，并在战时轻易切断对手的航线。以上基地再配合以位于安达曼－尼科巴群岛的三军联合基地，潘尼伽所提出的保护印度的"钢圈"可谓初现雏形。

## 第四节　形象塑造与"印度洋战略"的未来

印度的印度洋战略宣称印度将成为印度洋地区的"净安全提供者"，大力宣传印度的和平友好形象。这一宣传的成效很大程度上取决于其他国家与印度之间的战略互信，而战略互信的基础在于长期互动中构建的对印度海军行为的认知，包括有哪些因素在影响印度海军的行为，以及印度海军的真实意图是什么等。这一认知将进一步决定其他国家如何对待印度海军的政策宣示和军事行动。如果长期行为与政策宣示差异较小，其他国家就可对印度海军战略文件持信任的态度，能较容易地接纳印度"和平友好"的警

---

①　"India gets access to strategic Oman port Duqm for military use, Chabahar-Gwadar in sight," *The Indian Express,* February 13, 2018, https://indianexpress.com/article/india/india-gets-access-to-strategic-oman-port-for-military-use-chabahar-gwadar-in-sight-5061573/.

②　"India Gains Access to Oman's Duqm Port, Putting the Indian Ocean Geopolitical Contest in the Spotlight," *The Diplomat,* February 14, 2018, https://thediplomat.com/2018/02/india-gains-access-to-omans-duqm-port-putting-the-indian-ocean-geopolitical-contest-in-the-spotlight/.

察形象;如果长期行为与政策宣示差异很大,其他国家就很难与印度建立战略互信。这样,战略文件中费尽笔墨进行形象宣传的意义就会大打折扣。为了更好地推进印度地区战略的实践,通过友好行为来建立对印度海军意图的信任可谓至关重要。

军事层面的互信不是孤立的,它既受到国家间整体互信程度的影响,又受到军事系统本身的影响。在军事系统内部的诸多影响因素中,非传统安全合作对印度海军与外方建立互信来说是一个关键因素。印度自视为地区"净安全提供者"和"友好警察",但印度究竟有没有足够的能力承担这一角色,意图是否足够友好,都可通过安全治理的实际行动来观察,而非传统安全治理正是印度海军目前最频繁的行动。

在与印度洋域内国家的合作中,印度大体坚持了平等互惠的态度。在南亚海域,印度经常对南亚国家与印度意图不符的海洋安全政策发表看法,其中不乏激烈言辞,尤以对马尔代夫的言论最为突出,但却极少付诸实际的制裁行动。印度在与南亚国家的海上非传统安全互动中很少运用霸权外交和强制合作,更多的是通过给予利益并运用强大影响力来推动双边安全合作。印马关系经常出现矛盾,在加尧姆执政时期,双边关系甚至一度陷入低谷。印方经常公开表示担忧,但很少以减少乃至取消安全援助相威胁,2018年的退回直升机事件及援建警察学院搁浅事件都是马方采取的主动行动;而印方反应较为克制,并不愿因双边关系紧张而减少海洋安全合作。印孟双边关系长期反复,中孟关系也颇为密切,中国对孟加拉国的经济发展和军事现代化发挥了很大作用,①但这一点似乎并未影响印度关注孟加拉国海洋安全。一俟双方海洋边界仲裁结束,印度即给予孟加拉国大量安全援助,包括提供援助物资来缓解飓风灾害和罗兴亚难民危机,解救海上遇险的孟加拉国渔民,开展联合海上巡逻等。在印度洋其他地区,印度与域内国家的非传统安全互动同样没有体现出强烈的门罗主义色彩,总体上维持平等互惠之势。总的来说,印度似乎是希望成为友好的警察和公共产品提供者,借此形成领导权,也希望这种领导权能够得到其他国家的认可。

如上文所述,印度一直对域外大国保持怀疑和抵制的态度。印度经常

<hr>

① Asma Masood, "India- Bangladesh- China Relations: A Complex Triangle," Chennai Centre for China Studies, Mar. 2, 2015, https://www.c3sindia.org/archives/india-bangladesh-china-relations-a-complex-triangle-by-asma-masood/.

拒绝将其他大国在印度洋非传统安全治理中的贡献视为印度的安全收益,反而将其视为印度的战略损失。即使目前域外大国在亚丁湾反海盗行动中已发挥中流砥柱的作用,印度对别国试图更好地参与亚丁湾反海盗活动也保持警惕。印度战略界许多人对中国在印度洋部署大型驱逐舰和特种部队用于反海盗行动表示担忧,臆测中国的真实目的是压缩印度的战略空间,还要求印度海军对此给予实际回应。①对域外大国与域内国家的正常合作,印度总是想方设法要将其控制在印方认为可接受的范围之内。

印度在海上非传统安全领域对域内国家和域外大国截然不同的态度清楚地说明,在当前的国际格局下,印度愿意在印度洋承担良性的"净安全提供者"角色,但又坚持认为这一角色只能由印度担任。就前者而言,由于印度一直在努力维护"良性大国"角色,在印度的霸权尚未严重威胁本国自主性的情况下,区内不少中小国家愿意相信印度的表态。在非洲的印度洋沿岸地区,许多国家将印度视为有兴趣推动地区安全的"良性大国",积极响应印方提出的印非合作活动,支持印度追求大国地位,坦桑尼亚、莫桑比克、南非等区域大国均明确表态支持印度成为联合国安理会常任理事国,在维护地区和全球安全上发挥更大的作用。②然而,印度对大国的态度也使许多学者相信,印方正试图将印度版"门罗主义"推广到全印度洋。③不过,由于实力有限,印度目前尚无法达到如此高的目标。对绝大多数国家而言,印度的霸权威胁还只是一种未来的可能性,而不是当前急需面对的现实。因此,印方政策的负面效应尚未充分显现。但从印度在南亚推行门罗主义的历史经验来看,印度采取排斥域外大国的排他政策,很可能严重影响相关国家对印度的信赖,导致对印度追求印度洋领导地位的抵触。这一点是印度推行其海洋安全战略所不得不面对的潜在风险。

---

① Abhijit Singh, "India needs a better PLAN in the Indian Ocean," Observer Research Foundation, May 14, 2018.

② 刘立涛、张振克:《"萨加尔"战略下印非印度洋地区的海上安全合作探究》,《西亚非洲》,2018 年第 5 期,第 135 页。

③ [澳]大卫·布鲁斯特:《印度之洋——印度谋求地区领导权的真相》,杜幼康、毛悦译,北京:社会科学文献出版社,2016 年版,第 44 页。

# 第四章　印度的印度洋非传统安全合作对中国的影响与启示

　　中国经济正在快速发展,海外贸易也在迅速增加,而印度洋正是中国最重要的海外贸易航线,从苏伊士到马六甲这条商品和能源航线可谓中国的"战略生命线";印度洋也是实施"一带一路"的重点区域,印度洋的安全与稳定同中国的国家利益息息相关,[①]因此,印度洋安全治理方面的重大事态必然对中国有直接影响。印度与域内国家的非传统安全互动对于中国参与印度洋安全治理也有诸多启示。

## 第一节　对华影响

　　中国是印度洋安全治理的重要利益相关方。印度维护区域海洋安全,在一定程度上也有利于中国的安全。但是,印度将中国视作主要对手,臆想两国在印度洋的权力竞争,在双边关系和地区层次上也对中国造成了不利影响。

### 一、中国可以成为印度洋非传统安全治理的受益者

　　中国是印度洋安全形势的重大利益相关方,这主要是由于两点:一是航线安全。途经印度洋的能源和贸易运输通道对中国经济十分重要,而这段航线并不稳定:中国是 2018 年全世界远洋船舶被抢劫次数最多的国家之一。[②]二是中国目前正全面推进"一带一路"倡议,而"一带一路"建设多个

---

　　① 郗笃刚、刘建忠、周桥、韩志军:《"一带一路"建设在印度洋地区面临的地缘风险分析》,《世界地理研究》,2018 年第 6 期。

　　② 在此指由中国内地及香港企业运营的船舶,数据来源: International Maritime Bureau, *Piracy and Armed Robbrey Against Ships – 2018 Annual Report*, p. 17。

经济走廊靠近印度洋北岸,21世纪海上丝绸之路也要从印度洋经过。从新加坡到科伦坡、吉大港、加尔各答,再到瓜达尔港和亚历山大港的印度洋航线深受恐怖主义、海盗、热带气旋以及各类海上非法武装活动的威胁,马六甲海峡、南亚次大陆沿岸和阿拉伯海均是国际海事局列出的海盗和武装劫船活动的重点区域,印度洋的安全稳定对"一带一路"建设有重大意义。总之,中国的经济利益和国家战略推进都需要一个安全而稳定的印度洋。

印度洋地区非传统安全威胁严重,迫切需要有效治理,但这一领域目前至少面临两大困难。首先,印度洋沿岸中小国家林立,多数沿岸国家经济落后,能力不足,在莫桑比克海峡、阿拉伯海和红海等关键海域情况尤甚;其次,非传统安全问题具有跨国界、跨区域的特点,需要区域性的整体考虑和有效应对,但印度洋由多个地缘板块组成,治理结构破碎,各方普遍倾向于次区域层面的安全治理,却很难形成全区性的普遍性制度架构。[1]解决这两个问题需要大国推动,而目前印度是印度洋内最大国家,也是有较好条件推动区域整合性安全架构的域内国家。印度积极推动区域非传统安全治理,不仅有利于印度的安全和影响力,对于印度洋安全形势也有较大意义。

非传统安全是合作型安全而不是零和安全,印度虽然排斥中国参与印度洋非传统安全治理,但目前并没有能力对安全红利分配采取排他性政策,中国同样可成为印度洋安全红利的受益方。因此,从航行和基础设施安全的角度来看,印度的努力也可成为中国的机遇。

**二、印方的排他性政策对中印关系可能造成不利影响**

中印同为崛起中的大国。随着经济的快速发展,两国对海上通道的需求也同时高涨:印度洋不仅是印度的生命线,也是中国的生命线,印度洋的安全既是印度的核心国家利益,也是中国国家利益的重点之一。然而,一方若将对方在航行安全领域的合理关切视作敌意,就很容易引起冲突。正是考虑到上述可能性,印度著名战略学者拉贾·莫汉才强调,"中印海军能力的提升及其海上视野的扩展,将使两国安全困境从内陆扩至印度洋和太平

---

[1] 刘思伟:《印度洋安全治理制度的发展变迁与重构》,《国际安全研究》,2017年第5期,第90页。

洋水域"。①

如前文所述,印度官方在印度洋非传统安全治理领域排斥大国参与,对中国尤为排斥;印方智库同样对中国在印度洋活动的意图充满怀疑;即使是正常的经济合作,印方也不能以正常心态看待。面对印度的强势政策,中国政府继续坚持温和而坚定的政策:在中国外交部记者会上,面对记者提问中国对印方批评中国海军扩大在印度洋的活动,以及印方在安达曼群岛部署军事力量对抗中国有何评论之时,外交部新闻发言人一方面坚持中国的活动有利于地区和平,另一方面也表示希望加强与印方的合作。②可以看出,中国政府既希望尽可能管控与印方的潜在冲突,也坚持从国家利益出发加强在印度洋的活动。虽然中国政府不断示好,但在印方采取强势政策的情况下,中方的单方面努力很难取得成效,两国迟迟难以建立战略互信。

中国国家主席习近平在中印领导人武汉非正式会晤中指出:"中印关系要稳定、要发展,基础是互信;要从战略上把握中印关系,不断增进彼此的了解和信任,推动两国各界和两国人民加深相互理解、培育友好感情。③这就要求两国充分意识到,双方都是大国,又是邻居,合则两利,斗则两败,应当通过全方位合作推动建立双边互信。"显然,在非传统安全领域,印度敌视中国的态度不仅不利于两国全面建立互信,更可能导致两国对彼此的敌意上升,危及双边关系稳定发展。

### 三、印方强势政策不利于地区安全合作

印度洋是中国国家利益的重点区域,也是中国迈向全球大国的必经之路。中国也是与印度洋相邻的最大国家,理应为印度洋海洋安全做出贡献。无论是从国家利益角度,还是从大国责任的角度,中国都应当在印度洋沿岸的安全和发展上发挥更大作用。为此,中国采取了一系列措施,加大在印度洋的投入,扩大双边和多边经济政治合作,积极参与印度洋非传统安全治

---

① C. Raja Mohan, *Samudra Manthan: Sino-Indian Rivalry In the Indo-Pacific*, Washington D. C.: Carnegie Endowment for International Peace, 2012, p. 9, 转引自楼春豪:《印太视域下的中印海上安全关系》,《边界与海洋研究》,2018 年 9 月,第 62 页。

② 《外交部回应"海军印度洋频繁军演引印度担忧"提问》,环球网,2015 年 7 月 10 日,https://world.huanqiu.com/article/9CaKrnJNf9T。

③ 《习近平同印度总理莫迪在武汉举行非正式会晤》,中国政府网,2018 年 4 月 28 日,http://www.gov.cn/xinwen/2018-04/28/content_5286667.htm。

理，力图扩大地区影响力并维护国家利益。

中国是印度洋非传统安全治理的重要参与方。从 2008 年起，中国海军开始在印度洋常态化部署护航军事力量：截至 2021 年 12 月，中国海军累计派出 39 批护航编队、131 艘次舰艇执行护航任务，为 1460 批 7000 余艘中外船舶护航，先后解救、接护和救助遇险中外船舶 70 余艘，查证驱离疑似海盗船只约 3000 艘。[①]单从数据上看，这一成绩要优于印度。中国也是印度洋海军论坛和《亚洲区域反海盗和武装劫船合作协定》机制等地区非传统安全治理机制的观察员或参与方。[②]这些努力不仅维护了中国的安全和经济利益，也为其他国家和地区的安全做出了贡献。中国的积极参与有利于印度洋非传统安全治理机制的发展，中国海军也努力为其他国家的船只提供护航，其中不乏印度籍油轮。[③]印度往往从权势竞争的角度来考虑问题，长期排斥域外大国参与印度洋非传统安全治理，既不利于中国海军在印度洋维护本国利益，也不利于印度洋地区的非传统安全治理。

安全问题向经济、文化等领域外溢，使印度对中国与印度洋国家开展经济文化合作保持高度警惕。印度军方智库一些分析揣测，中国在印度洋地区开展经济合作并协助沿岸国家发展港口基础设施，是为了推进所谓"珍珠链"战略；[④]妄称中国在印度洋的经济活动"挑战"了印度洋区域合作机制；认为中印竞争不仅存在于经济领域，也存在于地缘政治领域。[⑤]这一思维在政策领域的表现尤其集中于南亚区域。印度一直对中国与斯里兰卡的经济合作表示不满，多次向中斯双方表达这种态度，莫迪政府执政后多次试图影

---

① 《挺进深蓝 中国海军亚丁湾护航 13 年展现大国担当》，光明网，2021 年 12 月 26 日，https://m.gmw.cn/baijia/2021-12/26/1302737152.html。

② 印度洋海军论坛官方网站，http://ions.global。

③ 《中国海军护航四周年 外国商船赞其专业且效率高》，中国新闻网，2012 年 12 月 22 日。http://www.chinanews.com/mil/2012/12-22/4430086.shtml。

④ Ajey Lele, "China's 'String of pearls' in Space," IDSA Comment, March 21, 2013, Institute of Defence Studies and Analyses, https://idsa.in/idsastrategiccomments/ChinasString%20of%20pearlsinSpace_AjeyLele_210312.

⑤ Abhay Kumar Singh, "Unpacking China's White Paper on Maritime Cooperation under BRI," Institute of Defence Studies and Analyses, Issue Brief, Jun. 28, 2017, https://idsa.in/system/files/issuebrief/IB_china-maritime-cooporation.pdf.

响中斯经济合作,甚至迟滞了汉班托塔港等一系列项目的进展。①这种对抗性思维已阻碍"一带一路"倡议在印度洋的推进。如果印方继续秉持这种不合理的态度,臆测中方目的,将来甚至可能严重阻碍中国在印度洋地区发挥更大作用。

## 第二节　对华启示

印度在印度洋非传统安全治理领域经营已久,其中有得有失,积累了大量经验和教训。中印同为崛起中的海洋大国,印度的经验或可为中国提供一定的借鉴。中印国情不同,中方需要准确认识自身在国家利益、能力、国际环境以及地缘政治方面的特征,吸收印度和其他国家的经验教训,采取有针对性的措施来参与印度洋非传统安全治理。

### 一、中国应积极参与印度洋非传统安全治理

2016 年 9 月 27 日,中共中央总书记习近平在中共中央政治局第 35 次集体学习时强调,中国要提高参与全球治理的能力,"着力增强规则制定能力、议程设置能力、舆论宣传能力、统筹协调能力"。②随着中国日益崛起为全球性大国,中国正在成为全球安全治理的重要参与方,而非传统安全治理正是全球治理的一个重要方面。中国是印度洋安全与稳定的利益相关方,面对印度洋地区的非传统安全威胁,中国需持续关注印度洋非传统安全治理,不断增强应对非传统安全问题的能力;通过多种渠道和方式,积极推动印度洋非传统安全治理,努力发挥中国优势,为印度洋非传统安全治理提供中国方案;着力打造开放性、普惠性的地区安全治理机制。

第一,中国应积极参与印度洋地区已有的非传统安全治理机制。当前印度洋非传统安全治理机制依然有效,对现有机制进行改进有助于减少交

---

① Kumar, S Y Surendra, "China's Strategic Engagement with Sri Lanka: Implications for India," *Contemporary Chinese Political Economy and Strategic Relations*; Vol. 3, Iss. 3, 2017, pp. 1109-1138.

② 《习近平:加强合作推动全球治理体系变革 共同促进人类和平与发展崇高事业》,新华社,2016 年 9 月 28 日,http://www.xinhuanet.com/politics/2016-09/28/c_1119641652.htm。

易成本,提高治理效率。而中国对现有机制的参与严重不足,在印度洋海军论坛这一地区最大安全治理机制中,中国还只是观察员,进一步参与地区非传统安全治理机制的空间依然很大。①因此,近期中国参与印度洋非传统安全治理机制仍应以现有机制为基础。

第二,经济能力是中国最大的优势之一。中国已是世界第二大经济体,且仍然保持中高速增长,中国政府已提出"一带一路"倡议,通过基础设施和贸易联通推动亚欧大陆的经济整合。对印度洋国家而言,这不仅是经济机遇,也是安全机遇。基础设施提升和经济增长使沿岸国家有更多的资源提升安全力量,加强对海洋的安全管控。同时,互联互通也可为非传统安全治理的区域整合提供新的动力和机遇,贸易和航运增长将扩大相关国家的海洋视野,而经济互联互通也会使各国关注的话题更加接近。可以预见,印度洋区域经济日益走向一体化,不仅可以缓解地缘政治的破碎局面,使越来越多的国家对海洋安全的关注超出专属经济区的狭小范围,促使其加强安全合作;经济联通又可为安全合作搭建平台,促进区域安全合作机制的建立和发展。

第三,应深化对海军不只是战争的力量、也是和平力量、友好的力量的认识。目前,印度洋区域许多国家缺乏非传统安全治理能力,区内大国发展不足、能力有限,而中国海军发展得很快,新型舰艇大量入列,海军远洋作战能力已跃居世界前列,正好可弥补印度洋非传统安全治理力量不足的缺陷。中国自2008年起持续在亚丁湾进行反海盗巡逻,已取得突出成就。未来中国海军不仅要继续坚持亚丁湾反海盗活动,还可考虑将反海盗活动范围扩大,积极为有需求的国家提供安全援助,并根据不同国家的需求和国际政治环境,采取多样化的援助形式,包括情报共享,舰艇巡逻,以及装备、训练和基础设施支持等。

## 二、大国合作是非传统安全治理的基础

中国参与印度洋地区非传统安全治理,应积极加强与大国和次区域重要力量的合作。有研究认为,随着美国海权相对衰落和中印海权相对崛起,

---

① 章节根、李红梅:《印度洋地区非传统安全治理与中国的参与路径》,《南亚研究季刊》,2017年第4期,第6页。

### 印度海洋政策新探索——以印度洋和北极为例

印度洋地区将第一次出现由美国独霸的单极格局和平过渡到中美印三方共管的多极格局。[①]美国的力量正在衰退,但依然是印度洋地区最强大的力量,掌握着巨大的军事、财政和技术优势,同时也是区内最具政治影响力的一方,与诸多国家建立了联盟关系或密切的政治军事伙伴关系;印度则是印度洋地区最大的国家,拥有显著的地缘政治优势,目前是地区非传统安全治理的重要推动者。可以预见,美印两国将在印度洋安全治理领域长期扮演关键性角色。南非、沙特阿拉伯、澳大利亚、东盟、欧盟等区域大国或国家集团也在该区域拥有显著的政治影响力,任何海洋安全解决方案,一旦深入到次区域层面,就不能忽视这些区域大国或集团的影响力。

他们的独特地位决定了他们在区域安全治理中既可成为搅局者,也可成为推动者。在安全治理的问题上,如果大国秉持权力竞争的态度,势必会造成力量相互抵消,将相当一部分力量用于政治、军事竞争而不是安全治理;还可能迫使区域内中小国家不得不选边站队,这就会打击小国对安全治理的参与意愿。国家或国家集团之间的对抗会形成新的地缘裂缝,给海盗和恐怖分子可乘之机。如果大国能采取合作态度,将权力考量排除在安全治理之外或适当加以控制,不仅可以最大效率地使用安全力量,还可鼓舞更多的力量参与海洋安全治理,从而大幅度减小非法武装的活动空间。应该承认,要做到这一点并不容易,但并不是不可能的。传统安全问题和权力竞争几乎是同义词,而非传统安全并非如此。在非传统安全领域,就国家行为体而言,一方的安全往往意味着另一方的安全,印度洋的非传统安全也同样如此。简言之,安全困境并不是非传统安全本身的固有含义。在无政府状态下,权力考量虽然很难完全排除,但在非传统安全领域却未必总是处于主导地位。只要不涉及直接的利益冲突,大国协调在许多场合都是适用的,一定程度的防范并不足以彻底动摇合作的主导地位。

印度坚持"门罗主义",从权力的视角考量大国参与印度洋非传统安全治理,这一政策已造成明显的负面影响。中国坚持和平友好的外交政策,也需要从印度的负面经验中吸取教训。共建、共商、共享以及平等性、开放性、互惠性,不仅适用于"一带一路"建设,也适用于印度洋非传统安全治理。中

---

① Robert Kaplan, *Monsoon: Indian Ocean and the future of American Power*, New York: Random House, 2010, p. 293, 转引自章节根、李红梅:《印度洋地区非传统安全治理与中国的参与路径》,《南亚研究季刊》,2017 年第 4 期,第 6 页。

国应当一如既往地坚持以上原则，以开放心态推动大国合作，成为区域海洋安全坚定的维护者和推动者。

### 三、加强陆海关联性

中国是印度洋非传统安全治理的新入局者，在印度洋没有传统的海洋影响力，域内一些国家和传统势力也对中国心存疑虑。这些因素给中国参与印度洋非传统安全治理造成了一些困难，中国影响力沿海路进入印度洋遇到了很多阻力；随着印度的崛起，这一阻力的变化趋势也不容乐观。为了更好地维护中国在印度洋日益扩大的安全和经济利益，中国可适当考虑走陆上路线的可能性。

历史上，印度洋北岸两翼的德国、法国、日本以及心脏地带的沙俄，都曾试图通过陆地进攻来威胁印度洋地区的英国海洋霸权。[①]这些努力虽最终归于失败，但也表明陆地路线同样是一条可用于追求有限目标的路线。中国是印度洋东翼的大国，南接东南亚，西连巴基斯坦和西亚，在这两个方向分别致力于"一带一路"倡议下的两条重要经济走廊建设，从这里绕过阻力重重的海洋通道进入印度洋地区，进而参与印度洋非传统安全治理，具有一定的现实可能性。

人类的生存以陆地为基础，而海洋本身无法作为人类的生息之地，自身难以培育非法活动。换言之，海洋安全问题本质上还是陆地问题。以索马里海盗问题为例。索马里自 1991 年西亚德政权倒台后，国内各大军阀并起，内战旷日持久，国内政治经济秩序、民生保障机制、法制体系等均处于崩溃状态，这是该地区产生大量海盗的根本原因。[②]由此可见，解决海盗问题的根本措施仍在于经济发展和秩序恢复，而前者正是"一带一路"倡议的目标之一。另一方面，自然灾害的受灾体也主要是陆地设施和人口，减轻灾害的根本措施同样是加强相关国家的能力建设。总之，中国可以通过"一带一路"建设，有针对性地加强沿线国家应对非传统安全的能力，釜底抽薪地解决安全治理的根本问题。

---

① [印]潘尼伽：《印度和印度洋——略论海权对印度历史的影响》，德隆、望蜀译，北京：世界知识出版社，1965 年版，第 71—78 页。

② 王竞超：《日本参与索马里海盗治理的策略》，《西亚非洲》，2017 年第 5 期，第 78 页。

海军的持久活动不能离开海外补给和后勤支持,即使只是低强度的警察行动也是如此。目前,中日等国均已为亚丁湾反海盗行动而在吉布提建立了后勤补给设施。未来随着中国海军更深入地参与印度洋非传统安全治理,势必需要更多且分布更合理的后勤设施。直接在印度洋区域投射影响力不可避免地会遇到很大阻碍,而通过陆地连接,中国可以在与西亚和南亚国家建立紧密联系的基础上,谋求后勤能力建设,这样既可以规避海洋路线的阻力,又可以确保后勤能力的稳定性和持久性,对于中国海军在印度洋维护非传统安全意义重大。

# 小结

印度独立以来,随着其综合实力的增长和地缘政治形势的变化,印度对印度洋安全关切也在迅速强化。冷战期间,由于两极格局的存在,以及自身实力不足,虽然一些印度海权思想家强调争夺印度洋海权是印度海军的天然目标,但具体到战略层面却难有大的作为。印度海军对印度洋安全的最大关切在于,任何事态变化都不能危害印度本土安全。冷战结束后,美苏争夺印度洋的局面发生剧变,印度陆地安全环境也发生了变化,印度海军逐渐将进军深海付诸实践。印度海军试图依靠有限的实力,逐步建立对印度洋的控制,这一过程既需要硬实力支撑,也需要发挥软实力并承担提供安全公共产品的角色。软硬两种实力可以相互促进:没有强大的硬实力,也就不存在提供安全公共产品的能力,而获取权威本身也有助于与域内国家建立政治和安全联系,有助于海外基地建设。由于印度海军硬实力不足,软实力的价值便显得更为突出。与此同时,随着印度经济的发展和国内安全形势的变化,印度的安全和经济利益需求也推动着印度海军更加关注印度洋非传统安全问题。

软实力、硬实力以及国家利益三者交织,导致问题变得更为复杂性。即使是为了维护非传统安全,硬实力的扩展也必然会引起域外大国和域内国家的警惕;而软实力扩展的政治敏锐性较低,使域内国家更愿意与印度合作,域外大国更愿意认可印度影响力。国家利益的考量也是一个难题,非传统安全问题和传统安全具有相关性,利用非传统安全问题扩展权势所引起的大国竞争势必在传统安全领域给印度带来不安全感,为缓和政治紧张而采取自我限制的政策也很难使印度感到安全。这不只是安全困境的问题,因为自我限制并不符合印度以大国自居的政治心态。总之,为了使各领域相互协调,印度海洋安全战略在非传统安全领域集中表现为:在尽可能确保国家利益的基础上,以维护非传统安全为手段,规避大国之间的正面冲突,扩展印度的海洋权力。

印度虽然自诩为印度洋"净安全提供者",但目前并没有能力实现这一目标,其战略投入也有所侧重。印度首先要确保能在马尔代夫、毛里求斯、塞舌尔三个岛国的安全体系中维持一种特殊地位。这三个岛国不仅与印度有深厚的历史渊源,本身也处于印度洋的关键位置,如若处理得当,不需耗费太多成本就可监控印度洋关键通道。其次,随着实力的增长,印度对北印度洋两翼的投入也在不断增加,这两个地区既是印度能源和贸易运输的关键路线,也是国际热点地区,无论是为了扩大经济利益,还是要扩大政治影响力,这两个地区都应得到印度的关注。不过,正由于这两个地区都是国际热点地区,其原有权力结构也对印度的介入形成了一定阻碍。近年来,印度借助低政治敏锐性的非传统安全问题与相关国家开展合作,取得较大成效。一方面受限于实力,另一方面也考虑到战略收益,印度对非洲印度洋沿岸和东南印度洋的澳大利亚至今缺乏足够的关注。印度政府虽然提出了诸如"地区同安共荣"等计划,但实践效果尚待证明。对于南亚地区的孟加拉国和斯里兰卡,印度基于"古杰拉尔主义"的南亚政策,一般愿提供非传统安全援助,但也没有很强的动力,具体合作状况取决于双方的政治关系。

对于不同的域外大国,印度采取了不同的政策:对权势日渐衰退的欧洲国家,印度并不排斥与其进行非传统安全合作;对于在印度洋日益活跃的中国,印度采取防范排斥的态度,拒绝中国在印度洋海洋安全治理中发挥较大作用。美国是印度洋海权的实际掌控者,也明确表态支持印度成为印度洋地区的"净安全提供者"。印度一方面没有能力与美国对抗,另一方面也需借助其力量扩展在印度洋和太平洋地区的影响力。因此,近年来美印海洋安全合作进展较大,在非传统安全领域也取得了一些成果。但印度仍然在区域治理机制中排斥美国,不希望美国与其竞争印度洋安全治理领导权,试图在避免与美国正面冲突的同时,利用美国加强自己的权力。

通过以上措施,印度在印度洋的非传统安全合作取得了显著成效,既维护了印度的国家利益,又帮助印度在软硬两方面加强了实力,初步实现了印度海洋安全战略对非传统安全治理的构想。考虑到以上收益是在既没有引起大国对抗,也没有明显破坏中小国家主权的前提下取得的,非传统安全互动就显得更有价值。但是,该地区结构性的安全困境并没有消失。由于印度短期内不可能将霸权加之于南亚以外的印度洋国家,印度将权力与安全治理相裹挟尚不至于引起域内国家严重担忧,印度与西方大国在印度洋的竞争也因美国的"亚太再平衡"和"印太"政策而得到一定缓和,使印度获得了一个机遇期。随着印度权力不断扩大,形势在未来还可能发生新的变化,主要有两种不同的可能性:一种可能性是,印度实力快速增长,而窗口期继续保持,使之在没有遇到太大阻力的情况下成为区域霸主,地位变得难以动摇,区域内小国即使有不满,也无法拒绝其霸权,印度由此比较顺利地成为区域海洋安全治理的核心。考虑到印度和其他大国的未来发展趋势以及印度洋的关键战略地位,上述情况的可能性较小。另一种可能性是,大国在亚太的海洋竞争逐渐缓和,竞争主战场转移到印度洋。与此同时,随着印度实力增长,其霸权影响力逐渐扩散到印度洋全区。对于区域内小国而言,由于印度的扩张已触及敏感的主权问题,为了保持独立性,它们对印度的"领导地位"可能不会再像今天这样支持。在大国竞争的格局下,地区国家可能转投其他国家,或者保持中立态度。这样,印度要实现印度洋领导者地位就会遇到域内国家的抵制。从历史经验来看,出现这种可能性要大于第一种。

因此,对印度而言,关键问题在于如何长期保持"友好警察"的形象,而印度目前的政策是不利于实现这一目标的。尽管印度对域内国家政策较温和,但其排斥域外大国的态度使许多学者相信,印度意图将印度版的"门罗主义"推广到全印度洋。这已成为印度洋区内外国家不得不防范的风险。在主权领域,各国的风险考量经常大于收益考量,这一点已在印度与域内国家的非传统安全互动中有所体现。正是考虑到主权问题,在"猛虎"组织被消灭后,斯里兰卡有意识地减少了与印度的非传统安全互动,而马尔代夫则试图引入中美等国的力量来平衡印度的影响。未来的印度如不能继续保持"友好大国"的形象,其谋求印度洋海权的路途很可能遇挫。

地理大发现后,世界开始连成整体,而海洋是连接各地区的链条,争夺海权也成为大国崛起道路上的普遍选择。近代以来,大国赢得海权的方式主要是控制各大洋出入口,其基本手段是使用巨舰大炮来击溃敌方主力舰队,通过这种控制权和强大武力使别国屈服。这一方式至今仍有其意义,但国际环境的变化正在削弱这一方式的有效性,并产生了扩大海权的新方式。民族国家的广泛存在、中小国家的团结斗争、国际社会对战争的道义谴责以及多极化趋势等因素,使得在印度洋地区使用武力获得权威已不再合乎时宜。换言之,通过强制性手段控制印度洋或许能得到一定回报,但要指望达到历史上的葡萄牙和英国所曾拥有的控制力则毫无可能。不仅如此，这种努力甚至很可能适得其反：中小国家在面临大国压力的情况下，会寻求引入其他域外大国，以收平衡之效，这又会反过来损害试图使用武力强制的国家。

从印度的经验来看，在印度洋的地缘政治环境中，提供非传统安全公共产品是获取权威的重要方式。印度洋国家普遍实力有限，而面临的非传统安全威胁又十分突出，需要大国提供安全援助。该地区至今未形成有效的非传统安全治理机制，也需要有充分实力和道德感召力的国家推动机制的形成和发展。其实，印度洋域内很多国家也不排斥域外国家参与区域海洋安全治理机制，域外力量不仅常年参与亚丁湾反海盗行动，中、俄、美、日等国也是印度洋海军论坛或环印度洋联盟的观察员或对话伙伴。因此，就大国与中小国家的关系而言，提供安全公共产品可以相对容易地获得领导力和道德感召力，从而建立权威。就大国之间的关系而言，各大国在该地区都有重要的经济和安全利益，适度参与地区非传统安全治理，不仅可以维护本国合理利益，也可以为其他域外国家提供安全红利。这种正当性也有助于避免大国之间发生正面冲突。为维护海洋安全而构建的区域安全治理机制还可能推动大国关系的协调。

在经济全球化时代，海运在全球经济中的作用越来越大，海洋安全与各国经济发展密切相关，而非传统安全威胁是当代海洋安全所面临的最重要威胁。非传统安全威胁具有地理上的跨越性，单一国家难以应付，这既为各国海军提出了新的挑战，也为非传统安全合作创造了动力和机遇。

中国在印度洋拥有重大利益，必然要在印度洋安全治理中承担更大责任，即使不提供"净安全"，至少也要维护自身的安全。与此同时，中国又是印度洋的新兴国家，其海军力量在印度洋发挥影响不过十余年时间。以中国的体量和未来的发展前景，中国在印度洋区域日益扩大的影响力必会成为印度洋区域安全秩序的重要因素。综合考虑，中国当前的政策应坚持以下原则：首先是应与已建立互信的国家或有紧迫合作需求的国家推进非传统安全合作，这就要与"一带一路"建设相协调。其次是要积极融入已有的区域海洋安全治理机制，维护区域海洋安全治理的稳定性和延续性。最后是坚持安全和政治相对切割的立场，尽可能将权力竞争排除在与相关国家的非传统安全合作中，吸取印度的经验教训，努力维持"友好大国"形象。需要指出的是,以上政策并不是权宜之计:身处和平与发展的时代,中国既要关注印度洋的权力结构,也要坚持"互利共赢"的原则,与印度洋域内各国以及域外相关国家合作,共同推进印度洋的和平与安全。

# 第二编　印度的北极海洋参与

# 第五章　国际政治中的北极

在全球气候变暖的背景下,北极已不只是一个地理概念,更是一个涉及生物系统、气候问题、国际法和区域治理等领域的多重概念。北极冰川融化不仅引起了学界热议,也使北极问题在各国国家战略中的地位不断上升,各国对北极地区的探索已不再局限于科学考察和短期的油气资源问题。从国际政治的视角来看,北极问题涉及北极治理、国际法、各国北极政策和北极主权与权利争端等多个方面。北极争端和冲突目前主要集中于北冰洋沿海国家,但随着北极变化的加剧,北极问题的辐射范围变得更为广泛,不仅影响到环北极国家,也关系到靠近北极的非北极国家,甚至会波及全世界。国际政治中的北极处于各国利益争夺的暴风眼上,深受各大国政策及其相互关系的影响和制约,也关乎全球地缘政治格局的变化。

## 第一节　北极的战略价值

北极独特的地理位置、潜在的资源与矿藏,以及重要的军事战略价值,已得到国际社会的广泛关注。随着全球变暖加剧,北极地区的国际地位和战略影响力将不断提升。

### 一、北极的科研价值

北极地区具有独一无二的科研价值。科学技术的进步使北极的神秘面纱逐渐揭开,人类对其认识不断增加。这些科学探索和对北极的科学认知有助于加深人类对气候变化的认识,也为开发利用北极提供了科学依据。此外,北极的科研活动也具有一定的政治色彩。

北极环境相对原始,地理位置特殊,被称为全球气候变化的放大器和指示器,也由此成为科学研究的天然实验室。北极科学考察对气象学、海洋学、冰川学、地质学和生物学等学科都有重要意义。北极气候环境变化对北半球乃至全球的大气环流和经济社会发展均有重要影响,如极地涡旋强度和位置的变化可直接影响中国北方冬季的气候。[①]各国在北极地区建立观测站,对北极海冰、冰芯、沉积物、冻土和动植物地理分布等开展研究,有助于全面认识该地区自然环境和气候变化的演变过程。北极地区的科学研究是帮助人类研究并理解气候变化过程,揭露气候变化规律,预测未来气候变化趋势的重要途径。

科学考察的政治敏锐性较低。目前,各国都在努力提高自己的北极科研能力和水平,借助海洋资源勘探开采、冰区航行、船舶制造等方面的技术和气候变化合作来强化在北极的存在,以期在北极事务中获得更大话语权。[②]同时,确保北极科学信息的获取渠道畅通,掌握更多的北极科学知识,也能对北极资源开发与保护、航运与安全等活动产生辐射效应。[③]北极科学知识具有权力属性,是进行北极科考、航道与资源开发的重要信息支撑,也是各国高效可持续地参与北极事务的重要保障。

## 二、北极潜在的商业价值

北极地区蕴藏丰富的矿藏、海洋生物资源以及旅游资源等,被誉为"第二个中东",潜在商业价值巨大。目前,世界能源危机日益凸显,能源消费却与日俱增,北极地区潜在的能源为缓解各国能源供需失衡提供了新思路。根据美国能源信息管理局统计,北极拥有全球未探明石油储量的 13% 和未探明天然气储量的 30%。[④]这些油气资源大都位于北冰洋国家沿岸,特别是俄罗斯北部沿海和巴伦支海附近,俄罗斯已探明油气储量约占北极所有

---

① 潘正祥、郑路:《北极地区的战略价值与中国国家利益研究》,《江淮论坛》,2013年第 2 期,第 12 页。

② 李振福、刘同超:《北极航线地缘安全格局演变研究》,《国际安全研究》,2015年第 6 期,第 88 页。

③ 肖洋:《北极科学合作:制度歧视与垄断生成》,《国际论坛》,2019 年第 1 期,第104 页。

④ V Pronina, K Yu Eidemiller, V K Khazov, A V Rubtsova, "The Arctic policy of India," *IOP Conference Series: Earth and Environmental Science*, Vol. 539, March, 2020, p. 1.

已探明油气总量的88.2%。[①]北极地区的煤炭储量也十分可观。据地质学家估计，仅美国阿拉斯加州西北地区的煤炭储量就占全球煤炭资源总量的9%，约为4000亿吨。[②]除能源资源外，北极地区还蕴藏着大量的铁、锰、铬、钒、铜、镍、钴、铅等矿产资源，以及铀和钍等战略性矿产资源。[③]

北极航道商业开发的前景也日渐明朗化。西欧、东亚、北美是当今世界的三大经济中心，它们之间的经贸往来频繁。北极航线是连接亚、欧、北美三大经济圈的潜在最短海上通道，可大幅缩短三洲之间海上运输的距离，降低海运成本，还可减轻马六甲海峡、苏伊士运河的拥堵情况。随着北极海冰消融，北极航线的内在危险性也会大大降低，安全性则大大提升。对于吨位较大的巨型油轮而言，西北航道是最佳选择。

北极地区渔业资源开发利用的潜力巨大。北极及其附近海域拥有丰富的鳕鱼、鲱鱼、红鱼、雪蟹和磷虾等海洋生物资源，鱼虾蟹贝品种齐全。北极环境变化为渔业的发展提供了良好条件，还可能导致渔业资源重新分布，因为气候变暖将导致大量海洋鱼类北迁，从传统渔场阿拉斯加、北海等地逐渐转移至巴伦支海和波弗特海等北冰洋边缘海。[④]此外，北极的生态旅游也值得关注。由于人们对异域风光和冰雪世界的向往，极地逐渐成为游客观光旅游争相前往的目的地，其旅游价值日渐凸显。随着环境变化和基础设施改善，北极旅游业可能成为周边国家的一大产业。

### 三、北极的地缘政治和军事价值

北极地区扼守连接欧洲、亚洲和北美大陆的战略要冲，具有举足轻重的地缘政治和军事价值。经过北极点连接亚、欧、北美三大洲的北极航线是距离最短的航线，北极潜在的商业交通价值决定了其地缘战略价值。北半球大国林立，北极是未来大国战略博弈的必争之地，控制了北极地区，就能控制未来世界经济的动脉，占据未来世界军事的"制高点"，在不断变化的北极

---

① 何海洋、陈炳锦：《能源互联网下的中俄北极能源开发与合作》，《中外能源》，2020年第5期，第15页。

② 潘正祥、郑路：《北极地区的战略价值与中国国家利益研究》，《江淮论坛》，2013年第2期，第120页。

③ 同上。

④ 唐国强：《北极问题与中国的政策》，《国际问题研究》，2013年第1期，第16页。

地缘政治中把握主动权。[①]早在第二次世界大战期间,北极航线就成为盟军支援苏联抗击德国的重要航线。当时,盟军的援助物资通过北冰洋源源不断地运到苏联,为苏联提供了大量补给,成为反法西斯斗争不可忽视的重要制胜因素。[②]冷战期间,北极的军事价值进一步得到各国认可,北极成为以美苏为首的两大阵营对峙的前线,两国均在北极地区建立军事基地,派遣驻军,部署战略导弹和核潜艇。

北极大部分地区覆盖着厚厚的冰层,冬季海冰覆盖面积达73%,海冰平均厚度达3米。[③]这种环境是核潜艇作业的天然屏障,因为冰层可以干扰声波,破坏水下监控系统,从而有效地保护其不被卫星和侦察设备发现。实际上,凭借北极冰层覆盖的自然条件,核潜艇可以在冰层下自由活动。[④]基于此,冷战后的美国和俄罗斯对北冰洋水下交通的争夺十分激烈,认为谁掌握了北冰洋的水下控制权,谁就拥有了特殊的地缘政治控制力,能在大国战略竞争中抢占先机。展望未来,气候变暖与海冰消退将削弱北冰洋的掩护作用,但这也使得潜艇在北极海域航行变得更为容易。更何况,海冰融化是一个漫长过程,在未来很长一段时间内,北冰洋仍会具有特殊的隐蔽能力,必然成为大国特别是美俄地缘政治博弈的枢纽之地。

## 第二节　北极争端现状

北极地区地域广阔,资源丰富,历史上各国对北极的探索和较量从未停止。20世纪以来,随着全球变暖加剧和科技发展加速,人们对北极的认识不断加深,继主权争夺之后,北极的开发利用又成为域内外国家的争夺焦点。北极地区并不存在统领性的治理机制,而近年来北极治理的新议题又不断涌现,各国至今未就解决北极争端签署专门条约或协议,传统的治理机制也

---

① 李禾:《国际海洋法缺陷加剧北极争端》,环球网,2010年10月13日,https://world.huanqiu.com/article/9CaKrnJoST5。

② 李振福、刘同超:《北极航线地缘安全格局演变研究》,《国际安全研究》,2015年第6期,第88—89页。

③ 陆俊元:《北极地缘政治与中国应对》,北京:时事出版社,2010年版,第47页。

④ 李禾:《国际海洋法缺陷加剧北极争端》,环球网,2010年10月13日,https://world.huanqiu.com/article/9CaKrnJoST5。

是应对乏力。①

**一、北极国家间的地缘博弈**

随着北极海冰的消融,北极的能源价值、航道价值和地缘政治价值等逐渐凸显,北极纷争也由单一的领土主权之争演变为范围更广的领土主权、资源开发和航道归属等综合性问题。目前,环北极国家之间的矛盾主要集中于主权和航道争夺,这些问题归根结底也是各国围绕主权归属开展的利益博弈。

(一) 北极领土主权之争

首先,环北极五国围绕领土主权问题展开了激烈争夺。北极领土争端经历了一个由陆地转向海上的演变过程。最初的北极争夺主要围绕陆地和岛屿主权进行,随着海权论的发展和陆地争端的逐步解决,争端逐渐转移到海上。②经过几个世纪的演变,北极地区的陆地领土主权格局已基本确定,目前最主要的陆地领土主权争议是加拿大和丹麦之间的汉斯岛之争。汉斯岛位于加拿大和丹麦的格陵兰岛之间,是一个常年冰雪覆盖的无人小岛,但金刚石和石油资源丰富且涉及北冰洋航线的开设问题,战略位置十分重要。1973 年,两国在内尔斯海峡问题上达成中间线划界原则,但未能解决汉斯岛问题。自 1984 年"埋酒斗法"③以来,两国围绕汉斯岛的主权归属已冲突 30 多年。两国多次派遣军舰进入该岛,在岛上升起本国国旗以宣示主权。2004 年,加拿大更在北极圈之内开展了代号"独角鲸"的军事演习。除在政治军事领域针锋相对外,两国民众也加入了这场"对战",展开了一场隔空对骂的网络战、口水战。④

北极地区的海洋边界问题包括领海、专属经济区和大陆架的划界。尽管有关国家已就海洋划界问题达成一系列协议,但并未解决所有争议。波

① 孙凯、张瑜:《对北极治理几个关键问题的理性思考》,《中国海洋大学学报(社会科学版)》,2016 年第 3 期,第 1 页。

② 曾辐:《北极争端与中国参与北极事务途径的探究》,上海海洋大学,硕士学位论文,2015 年 1 月,第 12 页。

③ 1984 年 7 月 28 日,丹麦人登上汉斯岛并升起国旗,在国旗埋下一瓶白兰地,留下标语"欢迎来到丹麦小岛"。2005 年,加拿大士兵登上该岛,插上加拿大国旗,埋了一瓶加拿大威士忌。

④ 叶静:《加拿大北极争端的历史、现状与前景》,《武汉大学学报(人文科学版)》,2013 年第 2 期,第 117 页。

弗特海位于阿拉斯加以北和加拿大西北沿岸,是加美之间有较大争议的北冰洋边缘海。根据 1825 年英俄《圣彼得堡条约》,加拿大主张以西经 141°子午线延伸至北极点作为分界线;美国则主张根据等距离中间线原则划定两国海上分界线。因此,在加美之间就形成了一个楔形争议区,面积约 2.1 万平方千米,区内存在丰富的油气资源。[①]此外,北极地区有待划定的海洋边界,还有冰岛同丹麦法罗群岛之间的边界争端、挪威的斯瓦尔巴德群岛同丹麦的格陵兰岛之间的边界争端等。[②]

大陆架和外大陆架划界问题是北极海洋争议的核心。1982 年《联合国海洋法公约》是处理大陆架和外大陆架划界的主要法律依据,但也为北极沿海各国扩大其所辖大陆架范围提供了依据,各国都在为争取外大陆架积极搜集证据。围绕罗蒙诺索夫海岭究竟属于哪国大陆架的自然延伸,加拿大、丹麦和俄罗斯竞相举证。俄罗斯是第一个向大陆架界限委员会提交 200 海里以外大陆架划界案的国家。2001 年,俄罗斯向大陆架界限委员会提出申请,要求把罗蒙诺索夫海岭作为西伯利亚大陆架的延伸部分,但最终被驳回。[③]2007 年的俄罗斯"插旗事件"[④]进一步刺激了加拿大和丹麦将大陆架向北极点延伸,并不断搜寻领土主权权利依据。[⑤]

(二) 北极航道之争

气候变暖导致北极冰期缩短和夏季无冰期延长,北极航道的价值随之逐步凸显。北极航道主要由东北航道、西北航道和北冰洋中心区航道组成。东北航道邻近俄罗斯北部,被俄方称为北海航道( Northern Sea Route ),通航条件较成熟。西北航道邻近加拿大,航线较为险峻。目前,两国都对北极航道通过的相关水域提出了权利主张,认为航道属于各自内水,并以"扇形原

① 叶静:《加拿大北极争端的历史、现状与前景》,《武汉大学学报 ( 人文科学版 )》,2013 年第 2 期,第 116—117 页。

② 曾韬:《北极争端与中国参与北极事务途径的探究》,上海海洋大学,硕士论文,2015. 年 1 月,第 20 页。

③ 章成:《北极地区 200 海里外大陆架划界形势及其法律问题》,《上海交通大学学报 ( 哲学社会科学版 )》,2018 年第 6 期,第 46—48 页。

④ 2007 年 8 月 2 日,俄罗斯北极科考队员从北极点潜至北冰洋海底,并将一面钛合金制造的国旗插在上面,并宣称北极的罗蒙诺索夫海岭是俄罗斯北部地区的自然延伸,要求享有该地区的主权权益。

⑤ 叶静:《加拿大北极争端的历史、现状与前景》,《武汉大学学报 ( 人文科学版 )》,2013 年第 2 期,第 116—117 页。

则""直基线"和"历史性权利"等为法理依据。①俄罗斯和加拿大坚持认为航道为其内水,有权在各自享有主权权利的海域制定航行规则并强化对北极航道的控制和管理,外国船只使用北极航道通行须向其提前申请,己方有权收取破冰和引航等服务费用。②

俄罗斯和加拿大的主张遭到以美国为首的其他北极国家强烈反对。北极理事会其他成员国主张自由通行权适用于北极航道,并重申 1985 年欧洲共同体会议上提出的四项自由原则即货币、人员、服务和资本自由流动。③他们认为东北航道与西北航道均为国际航道,所处海域是国际公海,不属于任何一国,应按公海管理。由于北极航道政治法律地位存在严重分歧,围绕相关海域性质展开的北极航道之争愈演愈烈。虽然目前北极国家之间的竞争尚未激化为武装对峙或冲突,但一些国家正争相强化对北极地区的军事力量部署,如美国的新北极战略已提出要整合海上力量,建立北极地区常驻海军部队,增强北极军力建设与部署,以确保东北航道和西北航道的航行自由。④

**二、北极域内外国家的利益竞争**

随着北极海冰消融,商业航运、资源开采与利用、渔业捕捞及旅游等人类活动将更加频繁,北极的经济与地缘战略重要性也不断上升,由此也吸引了越来越多域外国家和非国家行为体的注意,北极事务参与主体呈现多元化趋势。近年来,一些非北极国家先后制定北极战略,日本、韩国、新加坡等域外国家也作为利益攸关方参与到北极事务中,与北极国家频繁互动。欧盟等国际组织也在积极参与北极多边治理,积极提升北极话语权。以北极八国为首的北极理事会则表现出明显的排他性,通过设置严格的观察员国资格授予程序、审查观察员国资格以及限制其职责等措施,限制域外国家的

---

① 郑雷:《北极航道沿海国对航行自由问题的处理与启示》,《国际问题研究》,2016 年第 6 期,第 107 页。

② 郭楠蓉、胡麦秀:《北极航道利益研究综述》,《海洋开发与管理》,2018 年第 10 期,第 52—53 页。

③ V Pronina, K Yu Eidemiller, V K Khazov, A V Rubtsova, "The Arctic policy of India," *IOP Conference Series: Earth and Environmental Science*, Vol. 539, March, 2020, p. 3.

④ 邹昊、姚小锴:《美整合海上力量持续加强北极军事部署图谋"蓝色北极"》,《解放军报》,2021 年 1 月 21 日,第 11 版。

参与权。①北极国家不断增加对北极地区的主权声索,也引发了北极国家与非北极国家之间的利益冲突,具体表现为对北极国际法地位、资源开发和北极航道归属及管辖等领域的分歧。

北极与南极自然环境相似,但缺乏类似《南极条约》的机制将各国的主权要求冻结起来。基于现行国际法,北极地区并不完全处于北极国家的主权范围之内,北极部分海域应属于"全球公域"。北极地区法律地位不确定,导致了国内法、国际法混杂适用,争议也颇多。随着 1982 年《联合国海洋法公约》生效,北极国家争相寻求扩大其外大陆架的权利,这意味着作为"人类共同财产"的国际公域面积会相对缩小。假如这些申请获得批准,北极国家就会掌控北冰洋 88% 的海域,②而区内的国际海域面积可能缩小为现在的 1/9,仅有约 34 万平方千米。③俄罗斯、挪威和丹麦已向大陆架界限委员会提交延伸外大陆架的申请,这将刺激其他北极国家纷纷效仿,加剧北极争夺,也会严重侵犯域外国家在全球公域中的资源利益(包括海洋生物资源及海底矿产与能源资源)和北极航道的自由通行权。④

北极国家之间的航道归属、海域和大陆架划界以及资源分配之争,归根结底是北极国家对北极地区主权和管辖权的争夺,都涉及国家主权权利的问题。北极地区是全球生态最敏感、最脆弱的地区之一,在北极的开发过程中,平衡好资源开发和环境保护之间的关系,处理好北极国家间及北极域内外国家之间的权利分配,是确保北极地区和平、稳定与可持续发展的重要议题。

## 第三节  北极地区主要行为体的北极战略及其实践

北极地区的环境变化和战略地位获得了全球的关注。为在北极地区争夺权益,同时在北极治理中争取最有利位置,实现本国利益最大化,北极国

①　程保志:《当前北极治理的三大矛盾及中国应对》,《当代世界》,2012 年第 12 期,第 71 页。

②　阮建平:《北极治理变革与中国的参与选择——基于"利益攸关者"理念的思考》,《人民论坛·学术前沿》,2017 年第 19 期,第 53—54 页。

③　吴迪:《北极地区 200 海里外大陆架划界法律问题研究》,《极地研究》,2011 年第 3 期,第 223 页。

④　阮建平:《北极治理变革与中国的参与选择——基于"利益攸关者"理念的思考》,《人民论坛·学术前沿》,2017 年第 19 期,第 53—54 页。

家和一些近北极国家近年来纷纷推出自己的北极政策。此外,一些非国家行为体也开始在北极事务中发挥独特作用。

## 一、主要大国的北极政策

北极国家在北极事务中处于天然的优势地位,它们的政策立场会影响到地区治理的方向与进程。由于北极事务与北半球关联日益紧密,一些近北极国家也在积极扩大北极参与。下面对一些主要大国的北极政策进行简要概述。

### (一) 美国的北极政策

1867 年,美国从俄罗斯手中购买阿拉斯加,由此获得北极国家的身份。美国是名副其实的世界强国,但也一度被视为北极事务的"不情愿参与者"。[1]这是因为美国传统的战略重心并不在北极,对北极重视程度并不高。随着北极战略意义凸显,北极事务在美国全球战略议程中的重要性也迅速提升。

与俄罗斯的全方位积极北极政策相比,美国的北极政策总体趋于保守,强调传统安全维护,以及气候和环境等非传统安全问题的治理,总体上缺乏连续性。[2]例如,奥巴马政府强调气候治理、环境保护与国际合作,将应对气候变化作为其北极治理的优先事项,积极推动北极气候治理。[3]特朗普政府坚持安全议题优先,奉行单边主义,退出了《巴黎气候协定》。[4]拜登在其上任首日又将解决气候问题列为首要任务之一,重返《巴黎气候协定》。[5]总体来说,美国的北极战略首先是要维护美国的国家安全。为对抗俄罗斯,美国不断增强在北极地区的兵力投射,联合军演频繁,规模不断扩大。2018 年 5 月,美国宣布重建第二舰队,辖区覆盖了整个北极地区。其次是要维持美国

---

① 郭培清、董利民:《美国的北极战略》,《美国研究》,2015 年第 6 期,第 48 页。

② 姜胤安:《北极安全形势透析:动因、趋向与中国应对》,《边界与海洋研究》,2020 年第 6 期,第 102 页。

③ 孙凯、杨松霖:《奥巴马第二任期美国北极政策的调整及其影响》,《太平洋学报》,2016 年第 12 期,第 33—34 页。

④ 郭培清、邹琪:《特朗普政府北极政策的调整》,《国际论坛》,2019 年第 4 期,第 20 页。

⑤《拜登签署一系列行政令,包括重新加入巴黎气候协定和世卫组织》,环球网,2021 年 1 月 21 日,https://world.huanqiu.com/article/41bMGc6Pzlc。

的世界领导地位。美国试图以气候变化为切入点,获取北极治理的话语权,进而构建有利于美国的北极秩序,掌握北极事务主导权。美国政府重视北极合作,但在选择合作对象时有复杂的考虑:在传统安全领域倾向与同盟国及战略伙伴合作,在北极科考和生态保护等低政治领域也会选择与中国等非北极国家合作。

(二)俄罗斯的北极政策

俄罗斯政府高度重视北极,发布了多项北极政策文件,形成了"三位一体"的政策体系,在制度建设上领先于其他北极国家,①其北极政策目标主要涉及政治、经济、军事和生态等方面。在政治上,俄罗斯寻求实现在北极地区的"领土诉求"。2001年,俄罗斯率先递交了外大陆架划界申请,涉及面积120万平方千米,包括了北极点和罗蒙诺索夫海岭等区域,但以失败告终。②俄方还谋求牢牢掌握东北航道的主导权。经济开发(尤其是北极能源开发和航道开辟)在俄罗斯北极战略中居于首要地位。俄属北极资源丰富,被视为俄罗斯未来的经济增长极。俄罗斯主张发挥北极地区作为其未来"战略资源基地"的作用,最大限度地满足俄罗斯对能源资源、渔业资源和其他战略资源的需求。③开发北极航线的航运价值、旅游业和运输物流业也是俄罗斯北极开发的重要经济目标。在军事安全领域,俄方试图坚决捍卫北部边境安全。美国和北约被俄方视为其安全领域的最大威胁。因此,俄罗斯加强北极军事部署,力图确保在北极有可靠的作战系统和能力,下大力气将可在北极活动的北方舰队建设为俄罗斯第一大舰队。④在生态安全领域,俄罗斯注重保护北极独特的生态环境,试图避免全球气候变暖和日益增加的人类经济活动对北极自然环境造成破坏。

(三)加拿大的北极政策

加拿大也是北极新一轮地缘政治竞争的主要参与方。哈珀政府明确了加拿大北极政策的四项主要内容。第一,保障主权。加拿大政府强调其在

---

① 章成:《北极治理的全球化背景与中国参与策略研究》,《中国软科学》,2019年第12期,第20页。

② 张婷婷:《普京政府的北极战略研究》,吉林大学,硕士论文,2018年,第24页。

③ 车福德编:《经略北极:大国新战场》,北京:航空工业出版社,2016年版,第109页。

④ 姜胤安:《北极安全形势透析:动因、趋向与中国应对》,《边界与海洋研究》,2020年第6期,第102页。

北极地区的主权是长期存在的,如以西北航道为加方内水为由主张控制权。第二,促进社会和经济发展。加拿大政府积极建设北方和北极地区的基础设施,加大对经济发展项目的投资力度,开展大型的采矿项目和油气开采项目,以促进原住民和北方地区的繁荣。此外,加方还运用先进科技积极探索北极地区潜在的自然资源。[①]第三,通过科学考察来认识北极环境,积极开展国际合作来保护北极环境,建立一系列陆地和海洋保护区。第四,推行宽松的原住民内部自治政策。《加拿大北极战略》提出将除土地和资源管理权外的其他管辖权下放给北部地区的地方政府,通过分权为北方居民提供参与制定北极政策的机会。[②]2019 年,特鲁多政府公布了新的北极政策即《加拿大北极和北方政策》。相比于之前的北极政策,新政策以原住民和环境保护为重点,加大了对北极开发建设的关注,不再将主权问题作为其北极工作的首要任务。[③]

### (四) 中国的北极政策

从地理上看,中国既是"近北极国家",也是重要的北极利益攸关者。中国的北极利益包括科研与环境利益、资源开发、航道利用与地缘政治利益,中国北极活动的政策目标是认识北极、保护北极、利用北极并参与北极治理。中国大力开展北极科研活动,不断加大对北极科研的财政支持力度。2018 年,中国第一艘自主建造的极地科考破冰船"雪龙 2 号"顺利交付,极大地提高了极地科考效率。[④]中国积极推进北极生态环境治理,提高减缓并适应气候变化的能力,依靠自身的资金、技术和国内市场优势,合理参与北极资源的开发利用。中国也积极参与现行北极治理机制,推进国际合作,遵循国际法,尊重北极国家的相关法律,力图在北极规则的制定、解释和适用中发挥作用,切实维护国际社会的共同利益。[⑤]中国秉持"一带一路"共商

---

① 陆俊元:《北极地缘政治与中国应对》,北京:时事出版社,2010 年版,第 134—135 页。

② 同上,第 135 页。

③ 付云清:《加拿大北极政策转变:表现、动因与挑战》,《国际研究参考》,2020 年第 12 期,第 23 页。

④ 《雪龙 2 号,愿你一路破冰前行》,新华网,2018 年 9 月 12 日,http://www.xinhuanet.com/2018-09/12/c_1123415247.htm。

⑤ 《中国的北极政策》,新华网,2018 年 1 月 26 日,http://www.xinhuanet.com/politics/2018-01/26/c_1122320088_2.htm。

共建共享的全球治理观,积极倡导"冰上丝绸之路"多边合作,利用北极航道连接中国与欧洲的蓝色经济通道,实现同沿线国家发展战略的相互对接,推动共建北极命运共同体,促进北极的和平、稳定与社会经济发展。

## 二、国际组织

北极理事会于 1996 年成立,是由环北极八国和 6 个北极原住民社群代表组成的政府间论坛。北极理事会在北极治理与北极合作中发挥着核心作用,也是制定北极国际规则的重要机构。北极理事会的根本宗旨是保护北极地区的环境与气候,推动该区域经济社会可持续发展,但不处理有关军事安全的事务。北极理事会特别重视与有关国际组织的合作,在将水域污染问题提交联合国环境规划署议事日程方面发挥了积极作用。①

为消除巴伦支海长期以来的东西方对峙,增进相互理解与合作,在挪威的倡议下,于 1993 年成立了巴伦支欧洲北极地区理事会(BEAC),此事也为欧洲参与北极治理提供了契机。理事会旨在促进巴伦支海各国在能源、教育、环境和海上救援等方面开展地区合作,共同开发俄罗斯西北部和北欧国家的最北部地区。②

联合国政府间气候变化专门委员会(IPCC)、北冰洋科学委员会(AOSB)、欧洲极地委员会(EPB)和国际极地基金会(IPF)等国际组织也在北极气候治理、环境保护和科学研究等领域做出了重要贡献。欧盟也积极寻求成为北极理事会观察员,旨在维护成员国的共同利益,协调统一各国的北极政策。基于共同的北极利益观,一些国家形成了非正式的国家集团,如环北极五国和北极八国。

值得注意的是,北极地区涉及的国际政治行为体数量众多,活动日益频繁,利益交织极为复杂,这给北极的国际形势变化和地缘格局塑造带来了深远影响。有关国家围绕北极利益的争斗加剧,积极谋求地缘政治优势。但相关国家强调国际合作的重要性,也为非北极国家介入北极事务提供了机遇。与此同时,一些国际组织也在北极环境保护、可持续发展以及维护北极的稳定与和平等方面发挥了重要作用。

---

① 陆俊元:《北极地缘政治与中国应对》,北京:时事出版社,2010 年版,第71—73 页。

② 同上,第 74 页。

# 第六章　印度的北极观

随着环境与资源危机的到来，全球治理概念不断发展，北极治理的参与主体及其诉求也日益多元化、复杂化。现有的北极治理体系由于自身的局限性难以解决相应的问题，北极八国已相继出台自己的北极战略，一些非北极国家及非国家行为体也参与到北极事务中来。印度是全球事务的积极参与者，在北极治理领域中也有其政策主张。

印度远离北极，但一些研究声称印度与北极有古老的历史文化联系。印度著名民族主义革命者提拉克（Lokamanya Tilak）在其 1903 年的著作《〈吠陀〉之中的北极之家》（ *The Arctic Home in the Vedas* ）中认为"北极曾是雅利安人之家。"[1]他认为雅利安人起源于北极地区，随后向南迁移，形成了两个分支：一支来到欧洲大陆，另一支来到印度。[2]这本书试图通过种族记忆在北极和印度之间建立联系，也影响了一些印度人对于北极的看法，使其相信印度并不是北极的外来者。

## 第一节　印度的北极利益观

国家利益是影响国家对外政策和行为的决定性因素，在国际政治中发挥重要作用。印度不是北极国家，但北极的地球物理变化关系着印度的环境、科研、经济和战略安全利益。因此，印度一直密切关注着北极局势，全力维护其北极利益。

---

[1]　Alexander Engedal Gewelt, "India in the Arctic: Science, Geopolitics and Soft Power," University of Oslo, Spring 2016.

[2]　杨剑等编：《亚洲国家与北极未来》，北京：时事出版社，2015 年版，第 240 页。

印度海洋政策新探索——以印度洋和北极为例

## 一、环境与科研利益

作为一个极易受气候变化不利影响的国家,印度一直将环境保护置于其北极参与的突出位置,致力于探索气候变化背后的科学过程。北极通过洋流影响北极到赤道间的热量再分配,是全球气候系统的重要组成部分。[①]近年来,大气中人为排放的温室气体浓度升高,导致全球气候变暖,北极夏季无冰区面积不断扩大。北极近年来以两倍于世界其他地区的速度变暖,其潜在影响引发越来越多的关注。此外,气候变暖将导致北半球近25%的永久冻土解冻。有研究表明,东西伯利亚北极大陆架每年向大气中排放甲烷至少1700万吨。[②]北极冰川覆盖有大量甲烷,甲烷比二氧化碳的增温效应强100倍,其影响是全球性的。[③]北极地区的变化将对世界产生深远影响,印度也不能幸免,主要表现在以下几个方面。

气候变暖影响到印度乃至整个南亚地区的生态环境。印度高度关注北极气候变化与印度洋季风之间的联系,气候变暖所导致的北极海冰变化,以及冰川融化对海平面上升的影响。

首先,多数研究表明,北极冰川融化与印度洋季风强度有某种联系。具体而言,冰雪融化及随之而来的淡水增加会阻止热量扩散,使得更温暖的海水流入印度洋,从而改变印度洋季风。[④]印度的农业生产主要依赖西南季风带来的丰沛降水,极易受到气候变化影响,更好地了解季风动态对农业部门至关重要,关系到印度的经济发展和粮食安全。农业占印度国内生产总值的15%左右,季风变化、极端天气增加以及由此导致的作物歉收对经济发展有巨大损害。[⑤]考虑到上述影响,印度地球科学部秘书沙勒士·纳亚克

---

① Emmanuelle Quillérou, et al., "The Arctic: Opportunities, Concerns and Challenges," 2015, pp. 51-52.

② Shailesh Nayak and D. Suba Chandran, "Arctic: why India should purasue the North Pole from a science and technology perspective?" *Current Science: A Fortnightly Journal of Research*, Vol. 119, No.1, 2020, p. 901.

③ 宋国栋:《印度北极事务论》,《学术搜索》,2016年第6期,第19页。

④ Devikaa Nanda, "India's Arctic Potential," Observer Research Foundation, February, 2019, pp. 14-15.

⑤ V Pronina, K Yu Eidemiller, V K Khazov, A V Rubtsova, "The Arctic policy of India," *IOP Conference Series: Earth and Environmental Science*, Vol. 539, March, 2020, p. 4.

（Shailesh Nayak）曾明确指出："研究北极气候变化对了解印度洋季风及南亚次大陆的影响机制十分必要，因为这关系到我们的经济发展"。[①]此外，气候变暖对生物多样性也有破坏。在季风变化的影响下，极端天气出现频率明显增加，强降水和干旱等自然灾害可能造成印度及周边地区生态失衡，气温升高也会影响动植物的生存和分布，导致生物多样性锐减。印度是一个物种多样的国家，会受到首当其冲的影响。

其次，北极变暖与海冰融化导致的海平面上升也会对印度沿海及其邻近国家的生态系统造成严重影响。根据美国航空航天局（NASA）25年的研究和欧洲卫星数据分析预测，到2100年，格陵兰岛和南极洲的冰盖融化将导致全球海平面上升65厘米。而印度拥有漫长的海岸线，总长度7516千米，约20%人口居住在沿海地区。[②]海平面上升不仅会淹没印度沿海地区，造成大批人口流离失所，还会威胁周边国家安全，影响地区和平与稳定。联合国环境规划署报告称，如不采取有效措施，印度周边的马尔代夫和孟加拉国等海拔较低的国家甚至有被海水淹没的危险。[③]土地被海水淹没可能迫使大批难民涌入印度，威胁印度安全。此外，海平面上升也会造成海水倒灌，造成土地盐碱化，影响生物多样性，破坏生态平衡，对印度的农业生产构成冲击，恶化动植物生存环境。

最后，北极地区和喜马拉雅地区同样面临气候变化的挑战。喜马拉雅地区通常被称为世界的"第三极"。自20世纪中叶以来，北极和喜马拉雅地区的冰冻圈不断缩小，对人类尤其是当地土著居民的粮食安全、水资源、生计、健康、基础设施、交通运输和社会文化都造成了负面影响，这也意味着相关各方可就应对气候变化相互学习、增进协作、共享知识，共同采取有效措

---

①　郭培清、董利民：《印度的北极政策及中印北极关系》，《国际论坛》，2014年第5期，第15—16页。

②　Uttam Kumar Sinha, "India in the Arctic: A multidimensional approach," *Vestnik of Saint Petersburg University, International Relations*, 2019, Vol. 12, No. 1, p. 117.

③　张庆阳、沈海滨：《小岛国灭顶之灾及其对策研究》，《世界环境》，2014年第5期，第54页。

施。①2019 年 2 月,国际山地综合发展中心(the International Centre for In-tegrated Mountain Development )②发布的《兴都库什喜马拉雅评估》报告称,到 2100 年,如果全球气温上升 1.5 度,该地区的气温预计会上升 2.1 摄氏度,会导致 1/3 的冰川融化。③喜马拉雅地区生物多样性集中,也是印度主要河流的发源地。南亚地区两条重要的河流——印度河与恒河均发源于喜马拉雅山,而农业灌溉也依赖于这两大生态系统,气候变暖将加速喜马拉雅冰川的消融,影响河流径流量,进而威胁到印度的粮食安全。因此,关注北极冰川变化的另一个重要目的在于研究比较北极与喜马拉雅冰川的变化速率,了解此变化对水文、生态和气候的影响,更好地为科学决策提供依据。

北极生态环境保护与科学考察对世界各国都有重要的战略意义。2007年,印度启动了自己的"北极研究计划",主要着眼于北极的气候变化研究。④一些印度学者提议,国际社会应阻止北极资源开发,减缓气候变化。2013 年7 月 15 日,萨仁山发言敦促联合国建立自己的北极机构,还建议印度联合其他发展中国家"将北极列入正在进行的联合国气候变化框架公约下的多边气候变化谈判议程制中",以确保在该地区开展的活动不会损害世界绝大多数人的福祉。⑤

## 二、经济利益

北极冰川融化带来的经济机会主要表现在渔业、旅游业、资源开发和航运业上,北冰洋沿岸国将更多地享受北极冰川融化的经济利益。尽管一些

---

① Karen Marie Oseland, "How the Arctic and the Hindu Kush Himalaya Regions are Working to Combat Climate Change," High North News, December 10, 2019, https://www.highnorthnews.com/en/how-arctic-and-hindu-kush-himalaya-regions-are-working-combat-climate-change.

② 国际山地综合发展中心(ICMOD )是一个为喜马拉雅山八个地区成员国和全球山地社区服务的、独立的国际山地研究和知识创新中心,总部位于尼泊尔加德满都。

③ Karen Marie Oseland, "How the Arctic and the Hindu Kush Himalaya Regions are Working to Combat Climate Change," High North News, December 10, 2019, https://www.highnorthnews.com/en/how-arctic-and-hindu-kush-himalaya-regions-are-working-combat-climate-change.

④ Government of Ministry of External Affairs, India, "India and the Arctic," June 10, 2013, p. 1. http://www.mea.gov.in/in-focus-article.htm?21812/India+and+the+Arctic.

⑤ P. Whitney Lackenbauer, "India's Arctic Engagement: Emerging Perspectives," *Arctic Yearbook*, 2013, p. 14.

学者认为，印度从北极商业开发中获利的可能性很小，但能源和航运仍然是印度参与北极事务的重要考量。

能源关切是印度关注北极的重要原因。印度国内能源严重匮乏，过分依赖进口，且能源进口来源单一，经济快速发展和人口急速增长又使得能源供需缺口进一步增大。2016年，印度已探明石油储量仅占世界的0.3%，产量仅占世界的0.9%，但消费却占世界的4.6%。印度已探明天然气储量仅占世界的0.7%，产量仅占世界的0.8%，消费量却占世界的1.4%，是全球第四大液化天然气进口国。[①]目前，印度是仅次于中国和美国的世界第三大石油进口国，也是全球能源消耗增长最快的国家之一。据国际能源署预测，印度将在2040年成为世界最大石油消费国。[②]印度每天从包括西亚地区进口约260万桶石油，占其总需求的80%以上。[③]因此，能源安全对印度可谓举足轻重。印度正积极寻求能源供给渠道多元化，提高能源安全保障。北极地区蕴藏大量的可开采能源，多位于北极浅海的大陆架上。2008年，美国地质调查局（USGS）一项调查称，北极未探明石油储量约900亿桶，未探明天然气储量约1670万亿立方英尺，分别占全球未探明但可开采油气储量的13%和30%。[④]北极地区还拥有丰富的镍、煤、金、银、铅等矿产资源，以及多样的生物资源，渔业和旅游业潜力巨大。北极冰川融化大大增加了能源开发的可能性，为印度缓解资源短缺问题并实现能源多样化提供了新的思路。

北极在冰雪融化后极有可能成为新的海上交通枢纽，北极航道的商业价值将成为现实。随着冰盖范围缩小，厚度减小，北极的季节性可通航时间也会随之延长。目前，北极地区的西北航道和东北航道在夏季已可通航，这两条航线最有可能在不久的将来得到广泛使用。例如，从日本横滨到荷兰的鹿特丹，经北极航线可缩短5000海里，将节约10~15天的航行时间。[⑤]与

① 时宏远：《试析印度的北极政策》，《南亚研究季刊》，2017年第3期，第44页。

② 张帅、任欣霖：《印度能源外交的现状与特点》，《国际石油经济》，2018年第3期，第84页。

③ Uttam Kumar Sinha, "India in the Arctic: A multidimensional approach," *Vestnik of Saint Petersburg University, International Relations*, 2019, Vol. 12, No. 1, p. 117.

④ Priya Kumari，"Indian President's Visit to Arctic Neighbourhood," *Arctic Perspectives*，National Maritime Foundation, 2015, p. 6.

⑤ Uttam Sinha, et al., "The Arctic: Challenges, Prospects and Opportunities for India," *Indian Foreign Affairs Journal*, Vol. 8, No. 1, January – March 2013, p. 19.

传统航线相比,从北欧到东北亚和北美西北海岸的北极航线将缩短40%的距离。2018年,通过俄罗斯附近北海航道的货物运输量已达到1500万吨,比2013年增长5倍以上。据估计,到2025年将有超过6000万吨的能源通过北海运输航线。①一方面,北极航线穿越深水海域,船只大小不必受苏伊士运河和巴拿马运河狭窄通道的限制,便于大型集装箱和超级邮轮通过,油耗更低,还节省了运费。②另一方面,北极航线相比传统航线总体上要更为安全,可以避开现有的海盗和恐怖主义等危险。但由于缺少航道图、导航设备、搜救资源和港口基础设施,北极航线仍处于欠发达状态。北方航道的开通也为印度带来了机遇和挑战。一方面,北极航线开通及港口建设需要大量的技术工人,印度不仅能借机向北极输送技术人才,赚取外汇,还能促进海事部门的发展。③另外,北方航道一旦全面投入使用,世界经济和海运格局都会发生深刻变化,形成囊括欧洲、俄罗斯、东亚和北美的环北极经济带,而通过苏伊士运河和巴拿马运河的传统航线的重要性会大大降低。④北极航线成为传统印度洋航线的替代性选择,会导致印度港口的运输量大幅下降,印度的航运枢纽地位会受到严重冲击,最终导致印度在全球能源安全格局中的地位乃至整个印太地区的战略地位明显下降。

### 三、安全与政治利益

北极海冰不断消融,北极航道的可通航时间逐步延长,围绕北极资源和航道归属问题的争夺日益白热化,推动北极成为竞争与冲突的潜在区域。气候变化正在重塑世界地缘政治经济格局,导致北极地区的传统安全问题日益突出,对北极合作与对话构成了挑战。北极理事会虽然是北极地区最具权威性的组织,却未将传统安全问题纳入议程范围。鉴于印度的地缘政治经济优势与北极的地球物理变化紧密相连,印度认为自己必须对不断变化的北极事务保持密切关注,这不仅是印度观察员国的身份使然,也是因为

① Devikaa Nanda, "India's Arctic Potential," Observer Research Foundation, February, 2019, p. 5.

② Uttam Sinha, et al., "The Arctic: Challenges, Prospects and Opportunities for India," *Indian Foreign Affairs Journal*, Vol. 8, No. 1, January - March 2013, p. 1.

③ 时宏远:《试析印度的北极政策》,《南亚研究季刊》,2017年第3期,第15页。

④ 宋国栋:《印度北极事务论》,《学术搜索》,2016年第6期,第20页。

印度自认为在区域和世界事务中负有相应的责任和义务。

北极对印度的地缘政治影响也很突出：首先，印度一些分析始终将中国视为主要战略竞争对手，而北极航道开通有可能缓解中国的"马六甲困局"，这就会明显削弱印度的对华战略威慑力。还有人认为，中国同北极国家的资源与航运合作与印度同北极国家的合作构成了直接竞争；为保障继续能有效牵制"中国崛起"，印度必须高度关注中国在北极圈的战略动向，通过增强与北极国家的合作来平衡中国的区域影响力。[①]其次，北极问题牵动着印俄关系。北极的变化可能导致各国力量对比的变化，北极国家是最直接的受益者，俄罗斯甚至有望借此重新崛起为世界大国。俄罗斯是印度的传统伙伴，也是北冰洋沿岸大国，这为印度进入北极和后续的印俄合作打开了方便之门。对印度来说，俄罗斯是北极事务的关键参与者，可成为对西方国家的平衡力量。中俄关系对印度的北极战略框架也有重要影响。在印度看来，更为密切的中俄关系大大有利于中国参与北极事务，而这是印度不愿意看到的。最后，北极有重要的军事价值。北极是扼守欧洲、亚洲和北美的战略要冲，世界大国聚集于此。可以说，控制了该地区就能对大国进行有效"辖制"，能够谋求更大的军事主导权。[②]目前，美俄军事角力愈演愈烈，两国纷纷在环北冰洋地区部署相当规模的战略核潜艇、反弹道导弹、远程预警雷达和截击机，不时开展军事演练。[③]挪威和加拿大也在加强北极军事能力建设。未来的北极可能成为各国冲突的新"战场"。印度很多研究认为，印度期望发挥全球调解员的作用，倡导北极非军事化，增进各方共识，促进北极的和平与稳定；通过搜集有关情报、加强北极外交等措施来保持对北极地区事务的持续关注，适时推动建立健全的北极制度体制。[④]

---

① P. Whitney Lackenbauer, "India and the arctic: revisionist aspirations, arctic realities," *Jindal Global Law Review*, Vol. 8, No. 1, 2017, p. 44.

② 李禾：《国际海洋法缺陷加剧北极争端》，环球网，2010 年 10 月 13 日，https://world.huanqiu.com/article/9CaKrnJoST5。

③ 宋国栋：《印度北极事务论》，《学术搜索》，2016 年第 6 期，第 20 页。

④ Uttam Sinha, et al., "The Arctic: Challenges, Prospects and Opportunities for India," *Indian Foreign Affairs Journal*, Vol. 8, No. 1, January–March 2013, p. 3; Uttam Kumar Sinha, Arvind Gupta, "The Arctic and India: Strategic Awareness and Scientific Engagement," *Strategic Analysis*, Vol. 38, No. 6, 2014, p. 880.

## 第二节　印度的北极治理观

印度虽深居南亚大陆,远离北极,但对气候变暖导致的北极地缘政治变化,仍有自己的理解和看法。印度基于各方面因素的综合考量,在积极谋求参与北极事务的同时,也提出了与自身利益密切相关的北极观。

### 一、"人类共同遗产"

"人类共同遗产"原则从提出至今已有半个世纪,是保护和开发有限资源的重要原则,也是当代国际海洋法律制度的重要基础。"人类共同遗产"的理念源于斯多葛主义中的"世界主义"平等思想,是一个特定的法律概念。"人类共同遗产"的概念最早于1970年提出。当时,联合国大会通过了《国家管辖范围以外海床洋底及其底土的原则的宣言》,[①]指出了海底矿产资源是"全人类共同遗产",应以全人类的福祉为前提,建立国际机构加以开发。[②]1982年《联合国海洋法公约》第136条规定:"'区域'及其资源是人类共同继承财产"。根据公约第一部分规定,"区域"指"国家管辖范围以外的海床和洋底及其底土"。[③]后来,《月球协定》和《南极条约》均对"人类共同遗产"做了相应表述,但并未提供精确的完整定义。不过,人们一般认为"人类共同遗产"应包括以下内涵:第一,"人类共同遗产"属于全人类共同所有,任何私人或任何国家均不得将其据为己有;第二,由国际社会共同设立的专门机构进行统一管理;第三,向世界所有国家开放,各国平等享有开发资源并分享利益的权利;第四,不得为战争目的所利用,该区域禁止使用武力或建立军事基地;第五,合理开发,坚持可持续发展。[④]

---

① P K Guatam, "The Arctic as a Global Common," IDSA Issue Brief, Institute for Defence Studies and Analyses, September 2011, p. 8.

② Michael Lodge, "The International Seabed Authority and Deep Seabed Mining," https://www.un.org/en/chronicle/article/international-seabed-authority-and-deep-seabed-mining.

③ 葛勇平:《"人类共同遗产"原则与北极治理的法律路径》,《社会科学辑刊》,2018年第5期,第130页。

④ 葛勇平:《论"人类共同遗产"原则与相关原则的关系》,《国际法学》,2008年第1期,第119—110页。

近年来,国际上围绕北极地位问题产生了较多的法律争议,以北极八国为主导的北极理事会对域外国家介入北极事务充满猜忌和怀疑。印度很多研究认为,运用"人类共同遗产"原则来规范北极资源开发和生态环境保护等问题,符合印度和绝大多数国家的利益。实际上,印度偏居南亚,并不具备介入北极事务的优势,甚至算不上是"近北极国家"。如果拘泥于地理因素,印度的北极参与就会陷入被动状态。因此,印度的主流观点普遍认同"北极是人类的共同遗产"或者说"北极是全球公地"的观点,①主张北极应当由全人类共同开发和利用。这样一来,印度的重要作用也就顺理成章了。

北极是"人类共同遗产"的论述,体现了印度将自身的特殊利益融入人类共同利益的自我标榜。印度积极主张将北极问题置于全球治理的议题之下,认为北极治理机制应当符合并体现全人类的共同关切,借此打消外界对印度北极参与的疑虑。印度学界和政界纷纷表示,北冰洋不是任何国家、政府组织或个人的财产,任何国家、组织或个人都不得以任何方式将其据为己有,不得主张与该地区法律制度相抵触的权利;总之,北极是属于全人类的共同财富。印度前外交秘书萨仁山曾宣称,北极与南极一样也是"全球公地",北极是全人类的北极。②类似的是,印度外交部官网也宣称,"北极地区地缘环境的急剧变化,导致北极国家乃至任何合法可靠的国际机制都难以及时有效地应对新形势下的挑战。因此,北极治理需要所有利益攸关方共同参与,通力合作。"③印度国防分析研究所研究人员高塔姆(P K Gautam)也强调北极是"全球公地",同时抨击北极五国和北极理事会垄断了北极问题的话语权,认为这些国家为了追求其国家利益而在北极实行军事化,专注于尽可能地争夺专属经济区,以便自由地进行资源开采和海上航行。④印度

① P K Guatam, "The Arctic as a Global Common," IDSA Issue Brief, Institute for Defence Studies and Analyses, September, 2011; P. Whitney Lackenbauer, "India and the arctic: revisionist aspirations, arctic realities," *Jindal Global Law Review*, Vol. 8, No. 1, 2017.

② Sanjay Chaturvedi, "China and India in the Arctic: Resources, Routes and Rhetoric," *Jadavpur Journal of International Relations*, Vol. 17, No. 1, 2013, p. 53.

③ Government of Ministry of External Affairs, India, http://www.mea.gov.in/in-focus-article.htm?21812/India+and+the+Arctic.

④ P K Guatam, "The Arctic as a Global Common," IDSA Issue Brief, Institute for Defence Studies and Analyses, September 2011, p. 1.

认为这些行为严重损害了国际社会的共同利益。

《联合国海洋法公约》依然是各国行使主权和主权权利及管辖权范围的重要法律依据。《联合国海洋法公约》规定,在开发 200 海里以外大陆架资源方面,沿海国负有一定的财政义务。沿海国在完成对某一矿址的第一个5 年生产周期后,必须对开采 200 海里以外的矿产资源缴付费用或实物。第6 年付款费用或实物比率应为矿址产值或产量的 1%。至第 12 年止,这一比率每年增加 1%,此后保持在 7%。产品不包括供开发用途的资源。而如果某一发展中国家是其大陆架生产的矿产资源净进口国,对该矿产资源无须缴纳此类费用。[①]无论是这项规定多么的微不足道,它的确包含了共同遗产的概念,也维护了广大发展中国家的权益。因此,联合国海洋事务和海洋法司前副司长、印度海洋发展部顾问拉詹(Rajan)提出,在对北极事务做出相应决策时,必须维护《联合国海洋法公约》的权威性和完整性,避免适用多种法律造成制度混乱。[②]

一些印度学者指责北极国家没有积极地采取措施来保护北极这一人类共同遗产。北极的剧烈变化是由全球变暖引起的,该地区的变化又不可避免地影响全球的生态与气候安全,因此,气候安全是保护人类共同遗产的重要途径。在印方看来,北冰洋日益增长的运输量将加速北极地区变暖,而船舶发动机排放废气中的黑炭或烟灰污染可能使该地区的变暖增加17% ~78%。[③]石油泄漏事件也会对该地区的生态环境造成污染。此外,低效的工业生产释放的烟尘,动植物分解等都会加剧全球变暖。[④]一些分析强调,北极的话语权由北极国家主导,而他们在削减碳和其他温室气体排放量以遏制气候变化方面表现得不够积极,不能寄希望于发达国家。[⑤]因此,像

---

① Uttam Sinha, et al., "The Arctic: Challenges, Prospects and Opportunities for India," *Indian Foreign Affairs Journal*, Vol. 8, No. 1, January - March 2013, p. 37.

② P. Whitney Lackenbauer, "India's Arctic Engagement: Emerging Perspectives," *Arctic Yearbook*, 2013, p. 9.

③ P K Guatam, "The Arctic as a Global Common," IDSA Issue Brief, Institute for Defence Studies and Analyses, September 2011, pp. 8-9.

④ Uttam Sinha, et al., "The Arctic: Challenges, Prospects and Opportunities for India," *Indian Foreign Affairs Journal*, Vol. 8, No. 1, January - March 2013, p. 6.

⑤ P K Guatam, "The Arctic as a Global Common," IDSA Issue Brief, Institute for Defence Studies and Analyses, September 2011, pp. 8-9.

印度这样的发展中国家应该带头将北极纳入全球公域的讨论范围之内，北极治理不是北极国家的专有特权，印度和其他非北极国家大有可为。①其实，印度已经在其《国家气候变化行动计划》中表明，自愿削减碳排放量。但是，任何试图将北极问题国际化的努力都会受到来自北极国家尤其是北冰洋沿岸国的抵制。有鉴于此，印度前外秘萨仁山指出，印度应当以《南极条约》为模板，鼓励北极国家搁置或冻结领土主权要求。他还主张在印度任安理会轮值主席国期间将这一问题纳入联合国议程，就此发起国际行动。②当然，这种主张是不可能获得北极国家认可的。

**二、印度能在北极事务中发挥重要作用**

印度能在北极事务中发挥积极的建设性作用，一方面是由于北极问题具有跨区域影响力，而现有北极治理机制尚未成熟，印度是北极的重要利益攸关方；另一方面是由于印度有意愿也有能力在复杂多变的北极问题中发挥建设性作用。

人们日益认识到，北极在地理上虽然很遥远，但其环境变化可导致远超地区范围的全球性挑战，包括印度在内的南亚地区也不能幸免。同时，北极的地缘环境也远比南极复杂，还缺少像《南极条约》一样成熟的法律机制。根据《联合国海洋法公约》的规定，除无争议地属于北极八国的主权或管辖范围之内的陆地、岛屿、领海、专属经济区和大陆架外，其余海域皆属全球公域。③但是，相关国家近年来受利益驱使开始重新谋求在北极拓展政治版图。印方有研究主张，作为核裁军的倡导者，印度应推动北极非军事化和无核化，应作为全球调解人发挥领导作用。④北极的剧烈变化深刻影响着全球的地缘政治经济；另一方面，人类的生产生活方式也在深刻改变着北极的生态环境。美国国家航空航天局（NASA）一项研究表明，"炭灰可能对北

---

① P. Whitney Lackenbauer, "India and the arctic: revisionist aspirations, arctic realities," *Jindal Global Law Review*, Vol. 8, No. 1, 2017, p. 37.

② Uttam Sinha, et al., "The Arctic: Challenges, Prospects and Opportunities for India," *Indian Foreign Affairs Journal*, Vol. 8, No. 1, January - March 2013, p. 39.

③ 阮建平、王哲：《善治视角下的北极治理困境及中国的参与探析》，《理论与改革》，2018 年第 5 期，第 31 页。

④ P. Whitney Lackenbauer, "India and the arctic: revisionist aspirations, arctic realities," *Jindal Global Law Review*, Vol. 8, No. 1, 2017, p. 43.

极变暖产生重大影响"。研究指出,近33%的烟灰来自南亚的草木或生物质燃烧,其余的则来自俄罗斯、欧洲和北美。[1]有鉴于此,印度已在多个场合明确表达其立场:与气候变化有关的政策问题是全球性问题,不能只局限于北极国家。[2]

北极理事会是讨论和解决北极问题的最重要平台,但它只是一个政府间的合作论坛,权力非常有限。同时,现有的北极治理体系封闭性较强。北极理事会对常任观察员国的标准设定得非常严苛,要求其必须承认北极国家在北极相应"领土"的主权,这就意味着非北极国家要放弃北极地区是"全球公地"的主张。在理事会内部,正式成员国以外的其他参与者影响力均十分有限,即使是作为永久参与方的北极原住民社群,也只能出席理事会的相关活动并参与讨论,却没有正式的投票权。[3]印方对此极为不满,认为域外国家对北极事务也有话语权,有权参与北极治理;印度有责任也有能力为保护极地生态环境,为建立完善的国际法律机制,以及制定合理的外交政策以平衡各方的利益诉求做出贡献。也有研究强调,成为北极理事会永久观察员国是确保印度利益并参与北极治理的重要途径。持这种观点的分析认为,应接受该地区的"排他性",称印度不需要认可"全球公地"理论,应积极主动与八个北极国家进行外交接触,[4]利用北极观察员国身份促进自身利益的实现,保证其在北极事务中不被"边缘化",增强存在感。

印度认为发达国家对全球变暖负有主要责任和义务,而印度作为高速发展的发展中国家,碳排放量位居世界第三位,对气候变化也负有共同但有区别的责任。印度还强调自己在海洋治理方面积累了丰富的经验。印度海洋发展部顾问拉詹称:"过去五十年,印度积极参与"联合国海洋法"会议谈判,为国际海洋立法做出了重大贡献,向《联合国海洋法公约》设立的所有

---

① Uttam Sinha, et al., "The Arctic: Challenges, Prospects and Opportunities for India," *Indian Foreign Affairs Journal*, Vol. 8, No. 1, January‐March 2013, p. 6.

② Ibid., p. 39.

③ 阮建平:《北极治理变革与中国的参与选择——基于"利益攸关者"理念的思考》,《人民论坛·学术前沿》,2017年第19期,第54页。

④ Rashmi Ramesh, "India's Arctic Engagement: Shifting from Scientific to Strategic Interests?" *South Asian Voices*, September 25, 2018, https://southasianvoices.org/indias‐arctic‐engagement‐shifting‐from‐scientific‐to‐strategic‐interests/.

机构中都派驻了代表。印度还有丰富的极地科研经验。"①有观点主张,鉴于印度已获得北极理事会正式观察员国身份,印度可进一步利用其权利全面掌握北极事务信息,制定科学的北极行动政策;还可利用其身份扩大与北极国家的合作,参与北极资源开发评估和研究,表达非北极国家的诉求,使未来北极治理体系更好地适应所有利益攸关方的利益。另有研究称,虽然印度在北极圈内没有领土,但作为一个正在崛起的发展中强国,印度有责任促进北极地区的和平与安全、可持续发展和科学研究。②

### 三、印度应加强与亚洲国家的合作

亚洲国家在地理上普遍远离北极,一些国家甚至位于赤道附近,但其对北极地球物理变化的兴趣与日俱增。他们不仅关注北极地区的商务前景,也没有忽视北极的安全和治理问题。北极国家对非北极国家插手北极事务心存疑虑乃至排斥心理,限制外国深入参与。但是,印度认为,与气候变化有关的问题是全球性问题,包括印度在内的所有非北极国家对北极也拥有合法权益。亚洲国家在北极生物与非生物资源开发利用、亚欧之间新航线探索和环境保护方面存在共同利益。开放的北极航线将使得中国、日本和韩国受益匪浅,这条航线将其与资源丰富的俄罗斯北极地区连接起来,还大大缩短了亚洲到欧洲的距离,将极大地缓解"马六甲困局"。③一些研究强调,亚洲国家可协调合作采取措施减少碳排放和减缓气候变化,进行更多的环境监测和科学研究,积极保护北极生态环境。因此,亚洲既有合作的潜在空间,也有加强合作的必要。印方甚至有研究认为,如果亚洲国家能够在北极不断变化的政治经济事务中发挥建设性作用,部分北极主权声索国将表示欢迎。④

一些亚洲国家已在北极建立了科学研究站,明确了自己的北极战略,在北极事务上具有独特的影响力。中国、日本、韩国、新加坡和印度等亚洲国

---

① Uttam Sinha, et al., "The Arctic: Challenges, Prospects and Opportunities for India," *Indian Foreign Affairs Journal*, Vol. 8, No. 1, January‐March 2013, p. 5.

② P. Whitney Lackenbauer, "India and the arctic: revisionist aspirations, arctic realities," *Jindal Global Law Review*, Vol. 8, No. 1, 2017, p. 50.

③ Uttam Sinha, et al., "The Arctic: Challenges, Prospects and Opportunities for India," *Indian Foreign Affairs Journal*, Vol. 8, No. 1, January‐March 2013, pp. 9‐10.

④ Ibid., p. 2.

家已经获得北极理事会观察员国的身份,正在积极制定北极航线战略,努力争取扩大本国在北极的影响力。印度注意到,中国已投入大量资金和技术,用于评估北极尚未开发的资源,探索北极航道通航的可能性。2018 年 1 月,中国政府发表了《中国的北极政策》白皮书,阐明了中国的北极政策目标和主张,便于推动有关各方更好地参与北极治理。目前,中国已有两艘极地破冰船,承担着后勤物资运输补给、科考队员交替、南北极大洋科考的重任,其中"雪龙 2 号"是中国自主建造的首艘极地科学考察船,在 1.5 米厚度冰、0.2 米厚度雪的冰情下,也能以 2–3 节航速连续破冰行驶。[1]日本已经在新奥尔松建立了研究站,还与挪威弗里德约夫·南森研究所、俄罗斯中央海洋研究设计院合作,参与了"国际北方海航线计划"的制定。韩国积极参与北极活动,成立了韩国北极科学理事会(KASCO)。2002 年,韩国加入国际北极科学委员会(IASC),并在新奥尔松建立了茶山(Dasan)科考站。[2]新加坡凭借其在港口基础设施和能源开发方面的专业知识,与挪威、俄罗斯加强合作,致力于在北极发挥作用。而印度虽然已经活跃在北极议题之中,但其能力仍十分有限。印度前外秘萨仁山认为,"印度既没有财力也没有技术能力与当前北极争夺中最前沿的国家相提并论。"

因此,印度需要加强与非北极国家的合作。印方有研究称,从亚洲国家的角度来看,由中国、印度、韩国和日本在新奥尔松建立一个联合研究机构是有益的。[3]还有人强调,印度应将发起亚洲国家参与的亚洲北极论坛作为目标之一,重点关注北极科研。[4]早在 2006 年,印度就加入了由中日韩共同发起成立的极地科学亚洲论坛(AFoPS)。该论坛旨在交换科考与技术经验信息,加强亚洲国家在极地领域的联系与全方位合作。论坛内部北极理事会观察员国居多,为印度推动亚洲国家北极合作搭建了平台。未来,该论坛还可成为协调亚洲国家利益、观点和立场的平台,帮助亚洲国家在北极问题

---

① 《"雪龙 2 号"下水 首艘"中国造"极地破冰船有哪些过人之处》,新华网,2018 年 9 月 10 日,http://news.cctv.com/2018/09/11/ARTIc4y0iDelyARmuU8rdsTB180911.shtml。

② Uttam Sinha, et al., "The Arctic: Challenges, Prospects and Opportunities for India," *Indian Foreign Affairs Journal*, Vol. 8, No. 1, January – March 2013, pp. 9–10.

③ Sanjay Chaturvedi, "China and India in the Arctic: Resources, Routes and Rhetoric," *Jadavpur Journal of International Relations*, Vol. 17, No. 1, 2013, p. 48.

④ Uttam Kumar Sinha, Arvind Gupta, "The Arctic and India: Strategic Awareness and Scientific Engagement," *Strategic Analysis*, Vol. 38, No. 6, 2014, p. 883.

上发出更多共同声音。①还有观点认为，北极理事会实质上是个政治论坛，无法解决北极安全问题，合法性也较弱，需要借更广泛的成员参与来汲取力量。②印度和其他亚洲国家可以利用其在国际法方面的立场来影响北极理事会的相关活动。③2008年，美国国家情报委员会(National Intelligence Council)在美国发表《全球趋势：变换的世界》一文，指出到2025年，美国主导的当前全球体系将让位于多极化，中国和印度将对全球地缘政治施加决定性影响。至于北极，报告指出："未来20年最可能的战略后果就是，中国、日本和韩国等资源匮乏的贸易国将受益于北极开放和其提供的能源资源以及更短的运输距离"。④这些新崛起的亚洲国家既是未来北极产品(石油、天然气等矿产资源)的潜在市场，也是北极科研的重要力量，对北极问题的走向具有重要影响力。所以，亚洲国家需要积极协调立场，推动政府间的极地合作，增强亚洲国家在极地事务中的存在感。⑤印方虽有研究认为中印在北极地区存在竞争，但多数学者仍认为，中印两国在北极科研和环保领域存在共同利益和目标，应该摒弃传统的零和思维，加强合作。尤其是，中印都受到喜马拉雅山脉冰川融化的影响，双方均能从与环境相关的政府间合作中获益。

此外，印度学者查图尔维迪认为，北极国家缺少对土著居民的人文关怀，而亚洲新兴大国在为获得北极理事会观察国做准备时会更加关注北极的人文层面。也就是说，亚洲国家在建立信任方面会发挥比北极理事会更重要的作用。⑥北极理事会亚洲观察员国加强北极参与，有利于北极治理机制的发展，也为非北极国家参与北极治理提供了良好的范例。

---

① 时宏远："试析印度的北极政策"，《南亚研究季刊》，2017年第3期，第48页。

② Uttam Sinha, et al., "The Arctic: Challenges, Prospects and Opportunities for India," *Indian Foreign Affairs Journal*, Vol. 8, No. 1, January‒March 2013, p. 28.

③ Devikaa Nanda, "India's Arctic Potential," Observer Research Foundation, February 2019, pp. 13‒14.

④ Sanjay Chaturvedi, "China and India in the Arctic: Resources, Routes and Rhetoric," *Jadavpur Journal of International Relations*, Vol. 17, No. 1, 2013, p. 48.

⑤ Olav Schram Stokke, "Asian Stakes and Arctic Governance," *Strategic Analysis*, Vol. 38, No. 6, 2014, p.781.

⑥ P. Whitney Lackenbauer, "India's Arctic Engagement: Emerging Perspectives," *Arctic Yearbook*, 2013, pp. 12‒13.

# 第七章　印度北极政策的主要内容

印度的北极参与起步较晚,但发展颇为迅速。尽管印度学者和政界反复强调其北极参与的首要目标是追求科学,但其实践活动表明印度对北极的兴趣不止于此。

## 第一节　印度北极政策的实践

在环北极国家和"近北极国家"纷纷出台北极战略的背景下,基于对北极的科学环境、经济和安全利益的考量,印度近年来频繁在北极采取积极行动,以避免因地理位置和实力不足而在北极事务中被边缘化。

印度认为其参与北极事务的时间最早可追溯到 1920 年 2 月,当时英国签订了《斯瓦尔巴德条约》,这意味着作为英国海外自治领地的印度也成为该条约签署国之一。[①]早在 1981 年,印度就通过英迪拉·甘地倡导成立的海洋开发部(DOD)[②]推出了北极研究计划,[③]但后来其研究重点完全放到了南极地区。直到 2007 年,印度才在国家南极与海洋研究中心指导下派出科学考察队一行 5 人,首次赴北极开展科学考察。[④]

### 一、出台北极文件

随着北极问题愈演愈烈,北极国家先后制定了北极战略,一些域外国家

---

① Government of Ministry of External Affairs, India, "India and the Arctic," June 10, 2013, p.2, http://www.mea.gov.in/in-focus-article.htm?21812/India+and+the+Arctic.

② 印度地球科学部的前身。

③ Tatyana L. Shaumyan, Valeriy P. Zhuravel, "India and the Arctic: environment, economy and politics," *Arctic and North*, No. 24, 2016, p. 154.

④ 郭培清、董利民:《印度的北极政策及中印北极关系》,《国际论坛》,2014 年第 5 期,第 17 页。

也加紧发布自己的北极政策。但印度在这一领域进展得颇为迟缓，直到获得北极理事会观察员国地位后，印度外交部才于 2013 年 6 月 10 日出台了一份名为《印度与北极》的简短文件。[①]该文件表示，北极冰川融化为北极沿岸国家乃至整个国际社会带来了巨大的机遇与挑战，也承认北极理事会在北极事务上扮演着重要角色。文件旨在说明包括印度在内的所有国家都有参与北极治理的权利，明确指出印度在北极有科研、环保、商业和战略等四大利益关切，但只对印度的科学利益和科考目标作出了阐释，并没有详述商业和战略利益。印度开展北极科研主要围绕四项目标：分析北极冰川和北冰洋的沉积物和冰芯记录，探索北极气候与印度洋季风之间的远程联系；根据卫星数据预测气候变暖对北极海冰的可能影响；以冰川对海平面变化的影响为重点，开展北极冰川动力学研究；全面评估北极动植物对人类活动的反应。[②]文件也对印度 2013 年之前的北极活动作了简单概括，最后呼吁所有利益攸关方积极参与北极治理，帮助处理复杂的北极问题，强调印度作为北极理事会观察员国可在保障北极和平、安全与稳定方面发挥关键作用。随着时间的推移，越来越多的分析认为，上述文件已远远不够，强烈主张印度尽快制定一项专门的北极政策。[③]

2020 年 12 月，印度发布一份北极政策草案以征求公众意见。2022 年 3 月 17 日，印度地球科学部（MoES）正式发布题为《印度与北极：建立可持续发展伙伴关系》的政策文件。[④]该文件开篇就阐明了印度北极战略的五大使命，即加强印度与北极地区的合作、协调对极地和世界第三极，即喜马拉雅山地的研究、提升人类对北极的了解、增强国际上应对气候变化和环境保护

---

① Government of Ministry of External Affairs, India, "India and the Arctic," June 10, 2013, http://www.mea.gov.in/in-focus-article.htm?21812/India+and+the+Arctic.

② Ibid.

③ Shailesh Nayak, D. Suba Chandran, "Arctic: why India should pursue the North Pole from a science and technology perspective?" *Current Science: A Fortnightly Journal of Research*, Vol. 119, No, 1, 2020, pp. 901.

④ "Union Minister Dr. Jitendra Singh releases India's Arctic Policy in New Delhi today," Mar. 17, 2022, Press Information Bureau of Indian Government, https://www.pib.gov.in/PressReleasePage.aspx?PRID=1806993.

的能力、促进印度对北极的研究。①该文件简要说明了印度研究北极的意义和优势,还特别提及:冰川消融带来的海平面上升可导致洋流变化,这将对印度农业产生重大影响;极地冰川的融化可能令原本冰冻在北极的病原体重新问世,加大未来暴发流行病的可能性;②对南极和喜马拉雅山地的研究经验有助于印度对北极进行深入研究,印度也将确保北极资源的可持续利用。③文件还概述了印度从 1920 年到 2016 年北极研究史以及在南极和喜马拉雅山的科学活动,介绍目前印度在冰冻圈研究方面已取得的成就。④

新文件囊括草案所涉及的科学和研究、经济发展和人类合作、交通和互联互通、治理和国际合作、国家能力建设五大板块,加上"气候和环境保护"部分共同构成了印度北极政策的六大支柱。在科学和研究方面,印度承诺协同合作进行北极调查,预计在 2023 年启动印美合作项目( NASA-ISRO SAR, NISAR )来检测全球生态系统和冰块等动态变化,⑤与北极国家共享数据资源,提供海上安全导航和搜救、气候建模、环境监测等服务。⑥在气候和环境保护上,印度强调为地球生态系统建模以预测地球气候变化,参与生态系统研究以保护北极生物多样性,同时提高印度企业在北极活动的准入标准。⑦关于经济发展和人员合作方面,印度将北极视为全球最主要的碳氢化合物蕴藏地之一,积极探求同北极国家开展能源开发合作,强调如水电、生物能源、风能、太阳能、地热和海洋能等可再生能源对北极和亚北极地区的巨大作用,呼吁对北极地区开展能源矿产开发和投资。印度借该文件再

---

① "India and the Artic: Building a Partnership for Sustainable Development," Government of India, Mar. 17, 2022, p.2, https://www.moes.gov.in/sites/default/files/2022-05/India_Arctic_Policy_2022.pdf.

② Ibid., p.3, https://www.moes.gov.in/sites/default/files/2022-05/India_Arctic_Policy_2022.pdf.

③ Ibid., p.4, https://www.moes.gov.in/sites/default/files/2022-05/India_Arctic_Policy_2022.pdf.

④ Ibid., pp.5-8, https://www.moes.gov.in/sites/default/files/2022-05/India_Arctic_Policy_2022.pdf.

⑤ Ibid., p.9, https://www.moes.gov.in/sites/default/files/2022-05/India_Arctic_Policy_2022.pdf.

⑥ Ibid., p.12, https://www.moes.gov.in/sites/default/files/2022-05/India_Arctic_Policy_2022.pdf.

⑦ Ibid., pp.13-14, https://www.moes.gov.in/sites/default/files/2022-05/India_Arctic_Policy_2022.pdf.

次强调,愿同北极国家分享土著社区管理、低成本建立社会网络等领域的经验,建议以可持续发展为基准来促进北极海洋旅游业的发展。①在交通和互联互通领域,印度认为,北极的无冰条件有望开启全球南北联通的新时代,北海航线通航将大大降低运输成本,重塑全球贸易链。印度希望凭借其全球海员供应第三和水文勘测上的优势,有效参与北极海事安全设施建设和环境监测,在造船和极地作业等领域开展合作。②在治理和国际合作板块中,印度强调自己已加入多个与北极相关的国际组织和国际条约,探寻与北极地区利益攸关方开展国际合作并建立合作伙伴关系。③关于国家能力和建设方面,印度决心提升其在科学研究、能源勘探、船舶建造上的能力,给予北极政策强大的人力、体制和财政支持。④

　　侧重科学研究、气候生态和经济发展等领域是这一北极政策文件的突出特点。印度认为,对极地的科研能有助于印度深化对喜马拉雅山冰雪融化等问题的认识,有利于印度的水安全。对极地的研究也有助于了解北极与印度季风间的科学关系,从而更好地应对气候变化,提升粮食安全和农民福祉。印度还表示,愿意建设北极航线来降低航运成本,同时与北极国家开展能源勘探和开发等合作,探寻能源供应多元化以保障其能源安全。该文件还凸显了印度北极政策对多层合作的关注。印度表示,希望加强国内研究机构同国家极地和海洋研究中心(NCPOR)的联系,提高印度的北极科研能力;⑤要通过部际协调来加强政府和学术界、商业机构的人力资源能力,以追求印度的利益;要大力促进与北极国家、专家机构和企业的国际交流合作。印度还特别强调土著居民福利以及印度可能的贡献。文件指出,北极土著和喜马拉雅土著均面临独特生态环境遭破坏这一共同点,印度愿与北极国家分

---

①　"India and the Artic: Building a Partnership for Sustainable Development," Government of India, Mar. 17, 2022, pp.15-17, https://www.moes.gov.in/sites/default/files/2022-05/India_Arctic_Policy_2022.pdf. https://science.thewire.in/environment/india-draft-arctic-policy/.

②　Ibid., p.18, https://www.moes.gov.in/sites/default/files/2022-05/India_Arctic_Policy_2022.pdf.

③　Ibid., pp.20-21, https://www.moes.gov.in/sites/default/files/2022-05/India_Arctic_Policy_2022.pdf.

④　Ibid., p.22, https://www.moes.gov.in/sites/default/files/2022-05/India_Arctic_Policy_2022.pdf.

⑤　Ibid.

享涉及土著社区治理与福利的信息与知识,共同构建喜马拉雅土著和北极土著间的文化和教育交流桥梁,在这一领域提供医疗保健服务,开展传统医学合作。①

　　总的来说,该文件对印度北极参与的科研、经济与社会方面着墨颇多,但对政治参与和区域治理则刻意轻描淡写。实际上,印度早有在政治经济领域进一步介入北极事务的想法。在 2019 年印俄总理在符拉迪沃斯托克的联合声明中,印度已明确表示关注北极事态,期待在北极理事会发挥重要作用。②在第 21 届印俄年度峰会上,印度又表示将在北极理事会发挥观察员的积极作用,并同俄罗斯在北海航线上开展合作。③印度希望加强与北极国家的多元合作从而参与到北极事务建设中,强调与极地地区的生态相似性,均有利于促进印度与极地国家的合作。

**二、积极开展北极考察活动,加强科研能力**

　　2007 年,印度科考团首次赴挪威斯瓦尔巴德群岛考察。目前,印度的北极参与明面上仍以科学考察和研究为主,主要从以下几个方面来发展其北极科研能力。

　　第一,建立较齐全的科研基础设施。2008 年 7 月 1 日,印度在斯瓦尔巴德群岛新奥尔松的国际北极研究基地建立了第一个永久性北极科考站——希玛德瑞站(Himadri)。该站距离北极点 1200 千米,在印度第二次北极探险期间建立,④主要开展冰川学、大气、生物、地球物理和海洋等方面的科学

①　"India and the Artic: Building a Partnership for Sustainable Development," Government of India, Mar 17, 2022, p.17, https://www.moes.gov.in/sites/default/files/2022-05/India_Arctic_Policy_2022.pdf.

②　"India - Russia Joint Statement during visit of Prime Minister to Vladivostok," Ministry of External Affairs of Indian Government, September 5, 2019, https://www.mea.gov.in/bilateral-documents.htm?dtl/31795/India__Russia_Joint_Statement_during_visit_of_Prime_Minister_to_Vladivostok.

③　"India- Russia Joint Statement following the visit of the President of the Russian Federation," Ministry of External Affairs of Indian Government, December 06, 2021, https://www.mea.gov.in/bilateral-.documents.htm?dtl/34606/India_Russia_Joint_Statement_following_the_visit_of_the_President_of_the_Russian_Federation.

④　Jayanth Jacob, "India gives leg-up to Arctic research," *The Hindustan Times*, April 29, 2014, https://www.hindustantimes.com/delhi/india-gives-leg-up-to-arctic-research/story-ErAduZTAIoTtGuE87MSjvN.html.

研究,旨在深入研究气候变化及其影响。[1]建立永久科考站可视为印度对北极态度的重要转折点。此前,印度主要是利用卫星对北极进行数据收集,但该地区并没有完全被卫星覆盖,厚重的云层也常常限制卫星发挥作用。因此,希玛德瑞站所运用的海洋浮标和浮筒系统(Buoy and float systems)就成为印度的重要海洋观测途径。[2]2014年8月,印度在挪威孔斯峡湾部署第一座多传感器系泊观测台"IndARC-I"。该观测台由印度国家极地和海洋研究中心与国家海洋技术研究所(National Institute of Ocean Technology)设计开发,拥有十个最先进的海洋传感器,可收集该地区海水的温度、盐度、水流和其他重要参数。[3]2015年7月19日,印度又在同一地点重新部署了"IndARC-II"并新增了两个传感器,用来测量荧光、有效光合辐射、硝酸盐和环境噪声等。[4]这有助于印度深入了解气候变化对北极和印度洋季风的影响,填补北极关键科学知识的空白,也极大地推动了印度北极科研事业的发展。

第二,设立多个职能机构。1998年5月,印度在果阿邦的瓦斯科·达·伽马城(Vasco da GamaGoa)建立国家南极与海洋研究中心(NCAOR),作为隶属印度地球科学部的自主研究机构,专门负责协调实施南极计划,对南极科学考察站进行全年维护。后因极地科学研究范围不断扩大,印度在2018年将其改称为国家极地和海洋研究中心(NCPOR)。目前印度还没有建立独立的北极事务机构,国家极地和海洋研究中心作为极地考察管理部门,统筹规划南北极和海洋研究项目。除设立专门机构外,印度地球科学部(MOES)、地球系统科学组织(ESSO)和科学技术部(DST)也参与北极科研的指导工作,如制定科研规划、筹措科研经费、推动科学外交等。

① Aki Tonami, *Asian Foreign Policy in a Changing Arctic*. London: Palgrave Macmillan, September 7, 2016, pp. 107–108.

② R Venkatesan, KP Krishnan, M Arul Muthiah, B Kesavakumar, David T Divya, MA Atmanand, S Rajan and M Ravichandran, "Indian moored observatory in the Arctic for long-term in situ data collection," *The International Journal of Ocean and Climate Systems*, Vol. 7, No. 2, 2016, p. 55.

③ "India Deploys First Ocean Moored Observatory in Arctic," *The New Indian Express*, August 3, 2014, https://www.newindianexpress.com/nation/2014/aug/03/India-Deploys-First-Ocean-Moored-Observatory-in-Arctic-643376.html.

④ NPCOAR, "multisensor mooring, IndARC, Field Activities," https://ncpor.res.in/arctics/display/398-indarc.

第三,加强与伙伴国和科学组织的北极科研合作。[1]2008 年 11 月,印度成为新奥尔松科学管理委员会( NySMAC )成员。新奥尔松科学管理委员会的主要作用是加强新奥尔松国际北极研究和监测机构( Ny-Alesund International Arctic Research and Monitoring Facility )各研究活动间的合作与协调。[2]2009 年,印度与挪威极地研究所签订了一项极地科学合作谅解备忘录。[3]2012 年,印度又当选国际北极科学委员会( IASC )理事会成员。[4]印度还是北极斯瓦尔巴德群岛综合观测系统( Svalbard Integrated Arctic Earth Observing System )的合作伙伴,[5]该机构主要研究斯瓦尔巴德群岛及其周围的气候与环境。

第四,积极开展北极考察活动,加大科研投入。2007 年以来,印度每年都会派遣一个 3-5 人组成的科考团赴北极考察。从 2013 年到 2018 年的 5 年间,印度政府承诺向北极地区的研究提供资金 1200 万美元,[6]仅对北极科考站的投入就达到 300 万美元。[7]2014 年 10 月,印度内阁经济事务委员会( CCEA )又批准地球科学部购买极地考察船的申请,预算为 1.71 亿美元,在 34 个月内交付。[8]但在 2015 年初,由于成本上升,印度与承建该船的西班牙公司未能达成一致,计划最终流产。[9]不过,此事仍然表明,印度对建造并拥有本国的破冰船十分重视,因为这将极大地提高印度的北极科研能力。一些分析认为,印度应至少拥有两艘破冰船,如此才能确保其在北极地区的科学、商业和安全利益。[10]总的来说,印度在北极科研方面虽起步较晚,但发展

---

[1] 印度加强北极国际合作的内容在下一节详述。

[2] NCPOR, "India in Arctic", https://ncpor.res.in/arctics.

[3] Ibid.

[4] Government of India Ministry of External Affairs, India, "India and the Arctic," Junc 10, 2013, p. 3, https://mea.gov.in/in-focus-article.htm?21812/India+and+the+Arctic.

[5] 宋国栋:"印度北极事务论",《学术探索》,2016 年第 6 期,第 21 页。

[6] Government of Ministry of External Affairs, India, "India and the Arctic," June 10, 2013. http://www.mea.gov.in/in-focus-article.htm?21812/India+and+the+Arctic.p.3.

[7] 时宏远:"试析印度的北极政策",《南亚研究季刊》,2017 年第 3 期,第 48 页。

[8] 同上,第 49 页。

[9] Jacob Koshy, "India's polar ship still a long way off," *the Hindu*, June 1, 2017, https://www.thehindu.com/news/national/indias-polar-ship-still-a-long-way-off/article18701108.ece.

[10] Vijay Sakhuja and Gurpreet S Khurana et al. eds., *Arctic Perspectives*, New Delhi: National Maritime Foundation, 2015, p. 40.

迅速，成就也较大。印度北极科研能力迅速提升，增强了国际社会对印度北极参与的认同，为其参加北极治理奠定了基础。

### 三、加强与北极国家的合作

印度远离北极，为谋求其在北极的利益，积极开展北极外交，发展与北极国家的关系，俄罗斯和挪威是其重点合作对象。

在科学研究领域，印度已经与挪威、瑞典和芬兰开展了广泛而深入的研究合作。挪威是印度的主要科学合作伙伴。2006 年 11 月中旬，印度地球科学部部长卡皮尔·西巴尔（Kapil Sibal）访问挪威。两国将北极研究确定为科学合作优先领域。2007 年 6 月，在挪威高等教育部长访印期间，两国又达成继续进行极地研究和气候变化研究的协议。同年，印度派出的科学考察队还考察了斯瓦尔巴德群岛新奥尔松的国际北极研究机构。2012—2013 年间，挪威与印度在巴伦支海两次开展联合科学考察，讨论了印度参与该地区发展的可能性。[①]2014 年和 2015 年，印度 "IndARC–I" 多传感器系泊设备的部署和回收均由挪威极地研究所的研究船 "兰斯" 号（R.V Lane）来执行。[②]2015 年 5 月 31 日，印度总统穆克吉（Pranab Mukherjee）访问瑞典，两国达成多项协定，包括印度地球系统科学组织和瑞典极地研究秘书处（SPRS）签署的极地与海洋研究合作意向书，主要内容涉及联合研究与联合考察，加强教育、培训与研究的信息交流和经验交流等。[③]2019 年 12 月，两国政府在瑞典国王卡尔十六世（King Carl XVI Gustaf）访印期间，签署了一项关于北极科学研究的谅解备忘录，对印瑞未来合作进行了探讨。[④]印度和瑞典在极地区都有丰富的科研经验，开展极地科学合作可以共享极地专

---

① Tatyana L. Shaumyan, Valeriy P. Zhuravel, "India and the Arctic: environment, economy and politics," *Arctic and North*, No. 24, 2016, p.158.

② R Venkatesan, KP Krishnan, M Arul Muthiah, B Kesavakumar, David T Divya, MA Atmanand, S Rajan and M Ravichandran, "Indian moored observatory in the Arctic for long−term in situ data collection," *The International Journal of Ocean and Climate Systems*, Vol. 7, No. 2, 2016, pp. 57−58.

③ 宋国栋：《印度北极事务论》，《学术搜索》，2016 年第 6 期，第 23 页。

④ The Arctic Institute, "Arctic Policy, India, Country," https://www.thearcticinstitute.org/countries/india/.

业知识,用于应对可持续增长的挑战,降低气候变化的影响。[1]

在能源领域,印度的主要合作伙伴是俄罗斯。印度的能源进口依赖中东,在中东局势紧张、美国与伊朗持续对峙的情况下,印度的能源安全面临多重挑战。从北极获取能源有助于实现能源进口供应多元化,提升印度的能源安全。据估计,俄罗斯北极地区有1060亿吨油当量的能源,包括69.5万亿立方米的天然气。[2]印度通过收购俄罗斯石油、天然气公司的股份,利用海外投资等方式进入油气产业的上游,参与俄罗斯北极地区油气资源的勘探、开采以及随后的成品油销售。2002年,印度石油天然气公司的子公司维德什公司(ONGC Videsh Ltd)[3]收购了俄罗斯亚北极地区萨哈林岛的萨哈林一号项目(Sakhalin-I project)20%的股份,这是印度首次在境外投资石油和天然气。当前,该项目正为公司以及其他运营伙伴带来丰厚的收益。[4]考虑到印度长期的能源需求,维德什公司2005年又出资20亿美元购买尤甘斯克石油公司(Yuganskneftegaz)15%的股份。[5]2016年,由印度石油公司(Indian Oil Corp. Ltd)、印度石油有限公司(Oil India Ltd.)和巴拉特石油公司(Bharat Petroleum Corp Ltd.)子公司组成的财团通过俄罗斯石油公司(Rosneft)子公司塔斯·尤里亚克石油和天然气生产公司(Taas Yuryakh Neftegazodobycha)收购了Srednebotuobinskoye石油和天然气凝析气田开发项目29.9%的股权。[6]2015年9月,在俄罗斯首届东方经济论坛期间,印度石油天然气公司收购了俄罗斯石油公司子公司万科尔石油公司(Vankorneft)15%的股权。[7]2019年东方经济论坛会议期间,印度维德什公司又

[1] "Cabinet approves MoU between India and Sweden on cooperation in Polar Science," PMINDIA, January 8, 2020, https://www.pmindia.gov.in/en/news_updates/cabinet-approves-mou-between-india-and-sweden-on-cooperation-in-polar-science/.

[2] 时宏远:《试析印度的北极政策》,《南亚研究季刊》,2017年第3期,第49页。

[3] ONGC Videsh Ltd印度石油天然气公司旗下的子公司(Oil and Natural Gas Corporation)主要负责国外石油勘探、开发活动,简称OVL。

[4] The Arctic Institute, "Economy, India, Country," https://www.thearcticinstitute.org/countries/india/.

[5] Tatyana L. Shaumyan, Valeriy P. Zhuravel, "India and the Arctic: environment, economy and politics," *Arctic and North*, No. 24, 2016, p.158.

[6] The Arctic Institute, "Economy, India, Country," https://www.thearcticinstitute.org/countries/india/?cn-reloaded=1/.

[7] 宋国栋:《印度北极事务论》,《学术搜索》,2016年第6期,第23页。

收购了万科尔油田 11% 的股份,其在万科尔石油公司股权份额增至 26%。交易完成后,印度在该公司的合并股份达到了 49.9%。①

印度也通过直接进口的方式从俄罗斯北极地区获得油气资源。2012 年,印度燃气公司(GAIL)与俄罗斯天然气公司签署了一份为期 20 年的进口协议,俄罗斯每年向印度提供 250 吨液化天然气。②2018 年 3 月,俄罗斯北极亚马尔项目(Yamal)③出产的首批液化天然气(LNG)向印度交付,该批货物通过东北航道运抵印度。2018 年 6 月,印度又收到了一批液化天然气,这是俄罗斯天然气工业股份公司(Gazprom)与印度天然气管理局有限公司(the Gas Authority of India)签署的为期 20 年进口协议的一部分。④

印度还参加了多场涉及与北极油气生产合作的双边和多边会议,印度国企已与俄罗斯石油公司、诺瓦泰克公司(Novatek)和俄罗斯天然气工业股份公司签署一系列协议。2014 年 5 月,在第十八届圣彼得堡国际经济论坛期间,俄罗斯的石油公司与印度石油天然气公司(ONGC)就联合开发北极近海碳氢事宜签订了第一份谅解备忘录。⑤2015 年,印度和俄罗斯共同参与了一系列关于油气生产合作潜力的双边和多边会议。⑥2015 年 12 月莫迪访俄期间,普京与莫迪就俄罗斯大陆架碳氢化合物的联合调查与勘探进行了谈判。⑦2018 年以来,莫迪政府进一步重视北极地区,在北极资源开发领域取得了更快的进展。2019 年 9 月,印俄在符拉迪沃斯托克举行年度峰会,莫迪成为首位访问俄罗斯远东地区的印度总理。联合声明强调"欢迎印度方面扩大其在俄罗斯远东和西伯利亚的经济和投资存在",指出"两国在俄

① The Arctic Institute, "Economy, India, Country," https://www.thearcticinstitute.org/countries/india/.

② 时宏远:《试析印度的北极政策》,《南亚研究季刊》,2017 年第 3 期,第 49 页。

③ 这是中国与俄罗斯的重大能源合作项目,2017 年 12 月,亚马尔项目的第一条生产线投产,现有 3 条生产线。

④ The Arctic Institute, "Economy, India, Country," https://www.thearcticinstitute.org/countries/united-states/.

⑤ Tatyana L. Shaumyan, Valeriy P. Zhuravel, "India and the Arctic: environment, economy and politics," *Arctic and North*, No. 24, 2016, pp.158−160.

⑥ The Arctic Institute, "Economy, India, Country," https://www.thearcticinstitute.org/countries/united-states/.

⑦ Tatyana L. Shaumyan, Valeriy P. Zhuravel, "India and the Arctic: environment, economy and politics," *Arctic and North*, No. 24, 2016, pp.158−160.

罗斯北极的非核能源领域有巨大合作空间。"[1]实际上,在莫迪访问之前,由印度商工部长率领的 4 位首席部长和 120 多家印度公司代表访问了符拉迪沃斯托克,随后达成了一系列商业协议。具体而言,印度 H-Energy 能源公司[2]和最大的液化天然气进口公司印度国家石油天然气公司(Petronet LNG Ltd)[3]与俄罗斯诺瓦泰克公司(Novatek)签订了从俄罗斯北极亚马尔和北极 LNG-2 项目[4]购买液化天然气的长期协议,还计划在天然气项目上合作。2019 年 10 月,俄罗斯沃斯托克煤炭公司(Vostok Coal)与世界上最大的煤炭生产公司——印度煤炭公司(Coal India)会谈,后者表示有兴趣从俄罗斯购买煤炭并围绕沃斯托克石油项目组建合资企业。该项目涉及在俄罗斯北极地区泰梅尔半岛[5]开发三个油田,计划建设一条 600 千米石油管道通往北冰洋。2020 年 1 月,印度石油天然气和钢铁部长普拉丹(Dharmendra Pradhan)确认印度将参加沃斯托克石油项目,俄罗斯外交部长拉夫罗夫(Sergey Lavrov)表示,印度将借助该项目成为"第一个在北极从事矿物开采的非北极国家。"[6]

为巩固印俄长期战略和经济关系,双方同意开通俄罗斯的符拉迪沃斯托克港到印度的钦奈的海上航线,探索在北极碳氢化合物开发方面开展更多的双边合作。[7]由此可见,印俄的能源合作从 2014 年以来已取得实质性进展,近两年来更是加快了北极资源开发合作的步伐,印度也得以借此强化了自己在北极能源开发领域的存在感。

除俄罗斯之外,印度还谋求与其他北极国家开展能源与资源开采合作。

---

① The Arctic Institute, "Economy, India, Country," https://www.thearcticinstitute.org/countries/india/.
② H-Energy 是印度领先的天然气公司之一,为印度的可持续发展提供液化天然气。
③ 该公司是由印度政府组建的印度石油和天然气公司,主要进口液化天然气(LNG)并在该国建立 LNG 接收站。
④ 该项目位于俄罗斯北极格丹半岛(Gydan Peninsula),是诺瓦泰克公司继全球规模最大的亚马尔液化天然气项目(Yamal LNG)之后,在偏远极地开发的第二个大型液化天然气项目。
⑤ 泰梅尔半岛(俄语:Ручка Темел),是亚洲最北半岛,位于俄罗斯北西伯利亚。
⑥ The Arctic Institute, "economy, India, country," https://www.thearcticinstitute.org/countries/india/?cn-reloaded=1/.
⑦ The Arctic Institute, "arctic policy, India, country," https://www.thearcticinstitute.org/countries/india/.

挪威的石油出口量仅次于沙特和俄罗斯，位居世界第三，其在北极的能源储量占北极总储量的 12%，仅次于俄罗斯，还拥有丰富的油气勘探和钻井经验。[①]双方合作既可满足印度不断增长的能源需求，也为挪威提供了巨大的能源销售市场。印度正设法采购极地破冰船，在船舶制造和港口基础设施建设方面，双方也可进一步深化合作。印度还计划投资加拿大阿尔伯塔省（Alberta）北部的油砂开采项目。[②]此外，北极地区还蕴藏着丰富的矿产资源，包括金、镍、铜、石墨和铀，这些矿物质能用于制造移动电话和核能开发等高科技行业，有助于推动"印度制造"计划。[③]2014 年 12 月 11 日，两国在普京访印之后发表联合声明，重申了北极对两国的重要性，表示双方愿在俄罗斯北极地区围绕稀土加工技术加强合作。

在外交领域，印度与北极三大国在多个领域均有利益交集，合作不断加深，尤其重视发展与俄罗斯的关系。印俄双方建立了领导人年度会晤机制。2014 年，印俄关系由"战略伙伴关系"提升至"特殊与优先的战略伙伴关系"，这种更密切的印俄关系将为印度进入北极大开方便之门。[④]印度也重视与北极小国之间的交往。印度与冰岛的关系在 2000 年后快速发展。2014 年 3 月，印度驻冰岛大使阿肖克·达斯（Ashok Das）称，印度愿意派遣科学家前往冰岛交流冰川学知识，希望发挥其信息技术优势促进当地经济社会发展。[⑤]2014 年 10 月，印度总统普拉纳布·穆克吉访问挪威和芬兰并签署合作伙伴协议。穆克吉是第一位访问挪威的印度总统，双方就国防、教育和地球科学等领域达成了 13 项协议。[⑥]在此期间，他还访问了芬兰罗瓦涅米地区的北极圈。这次访问被视为印度继续加强其在北极地区战略地位的标志。印度与北极国家的合作表明，为了实现印度的北极利益，必须在科学、经济、政治和外交领域与北极国家保持良好关系。[⑦]

---

① 时宏远：《试析印度的北极政策》，《南亚研究季刊》，2017 年第 3 期，第 50 页。

② 同上。

③ Devikaa Nanda, "India's Arctic Potential," Observer Research Foundation, February, 2019, p. 9.

④ 时宏远：《试析印度的北极政策》，《南亚研究季刊》，2017 年第 3 期，第 51 页。

⑤ 宋国栋：《印度北极事务论》，《学术搜索》，2016 年第 6 期，第 23 页。

⑥ 时宏远：《试析印度的北极政策》，《南亚研究季刊》，2017 年第 3 期，第 51 页。

⑦ Tatyana L. Shaumyan, Valeriy P. Zhuravel, "India and the Arctic: environment, economy and politics," *Arctic and North*, No. 24, 2016, p. 158.

### 四、积极融入现有北极治理体系

北极没有类似《南极条约》这样的国际制度,其特殊性促成了北极理事会的成立。1996 年的《渥太华宣言》宣布成立一个政府间机构,这份文件将美国、加拿大、俄罗斯、丹麦、冰岛、挪威、芬兰和瑞典称之为"北极国家",也称"环北极国家"或"北极八国",是北极理事会主要成员。北极理事会由其成员国每两年轮流担任主席,6 个原住民社群代表在北极理事会中拥有永久参与权,其宗旨是促进北极国家与当地土著居民之间的协调与合作,保护北极环境,促进该地区在经济社会和福利方面的可持续发展。理事会的观察员国席位对非政府组织、非北极国家和政府间国际组织开放。①

印度曾考虑过将南极模式套用到北极地区上,但无人居住的南极洲和被民族国家包围的北冰洋之间存在较大差异,因此这是行不通的。②目前,印度政府已倾向于接受《南极条约》模式难以适用于北极这一事实。然而,参与南极国际治理的经历依然深刻影响着大多数印度学者和官员。他们认为印度应当争取国际舆论的支持,与其他非北极国家共同推动签署有法律效力的"北极条约"。③不过,将北极视为"全球公域"的观点受到北极国家的排斥,采取此种立场可能使印度被拒于北极治理的门外。因此,印度于2012 年转而寻求申请获得北极理事会观察员国地位。2013 年,在瑞典基律纳的北极理事会成员国第八次部长会议上,印度同中国和日本一道获得观察员国地位,④由此得以通过北极理事会增加对北极事务的影响力。2019 年5 月,印度再次当选北极理事会观察员国。⑤目前,印度正通过科研能力建设、联系北极与非北极行为体的利益、提供新兴议题的解决方案以及参与创制

---

① 董利民:《中国"北极利益攸关者"身份建构——理论与实践》,《太平洋学报》,2017 年第 6 期,第 68 页。

② P. Whitney Lackenbauer, "India and the arctic: revisionist aspirations, arctic realities," *Jindal Global Law Review*, Vol. 8, No. 1, 2017, p. 40.

③ P. Whitney Lackenbauer, "India's Arctic Engagement: Emerging Perspectives," *Arctic Yearbook*,2013.

④ Tatyana L. Shaumyan, Valeriy P. Zhuravel, "India and the Arctic: environment, economy and politics," *Arctic and North*, No. 24, 2016, p. 155.

⑤ The Arctic Institute, "Policy, India, Country," https://www.thearcticinstitute.org/countries/india/.

新规则等方式积极融入现有体系,试图扮演一个负责任的大国角色。

首先,印度从科研入手,通过提供科学知识这一公共产品与北极国家开展国际合作。1981年印度成立的海洋发展部(DOD)肩负着与发展中国家和发达国家加强合作的责任,以体现"海洋是全人类的共同遗产这一精神"。[1]印度外交部特别秘书纳夫特·萨尔纳(Navtej Sarna)于2013年5月表示:"我们计划对该地区的科学工作施加更多压力,派遣更多人到北极。"他还指出,印度计划与北极地区的土著居民有效互动,在环境问题上与之合作。[2]其次,积极充当体系内外联系的桥梁。印度一些研究人员认为印度应当加强同非北极国家的合作,推进北极地区的非军事化以及北极治理国际化,保护全人类共同的财产;印度应鼓励企业和其他有关第三方参与到北极事务中,承认非国家行为体在北极的利益,以此扩展印度的影响力。印度试图以"最大民主国家"的身份融入北极治理体系,宣称可在其中表达各非北极国家行为体的合理关切,这有利于提高印度在国际社会中的地位,塑造负责任大国形象。[3]最后,在新规则制定方面,一些分析指出,印度可利用其身份之便来影响并参与制定"科学合作协定";与其他观察员国相比,印度在北极国际治理中的参与度还很低,在挪威的北极前沿会议(Arctic Frontiers Conference)和北极理事会中还有很大的进步空间,[4]应更加积极地参与北极议题和规则的制定。

## 第二节　印度北极政策的特点

在分析印度北极利益和北极参与实践的基础上,结合其战略文化,不难发现,印度的北极政策实践表现出若干特点。

---

① Uttam Kumar Sinha, Arvind Gupta, "The Arctic and India: Strategic Awareness and Scientific Engagement," *Strategic Analysis*, Vol. 38, No. 6, 2014, p. 878.

② P. Whitney Lackenbauer, "India and the arctic: revisionist aspirations, arctic realities," *Jindal Global Law Review*, Vol. 8, No. 1, 2017, p. 40.

③ 郭培清、董利民:《印度的北极政策及中印北极关系》,《国际论坛》,2014年第5期,第15—16页。

④ Devikaa Nanda, "India's Arctic Potential," Observer Research Foundation, February, 2019, p. 16.

印度海洋政策新探索——以印度洋和北极为例

## 一、明确参与北极事务的身份定位

印度既明确了作为非北极国家的身份定位,又强调自己是北极的利益攸关方,为参与北极事务提供了合理依据,有利于印度以合作伙伴的身份介入北极事务。

对印度来说,北极与气候变化关系密切,而气候变化又密切影响到国家的利益。辛哈(Sinha)指出:"印度的地缘经济优势很容易与北极的地球物理变化联系在一起。印度是一个新兴经济体和新兴大国,这意味着印度是北极地区的天然利益攸关者。"①印度在北极的科研利益也强调了北极冰川融化与印度洋季风和海平面上升的联系性。受全球气候变暖的影响,印度是北极自然环境变化的受害者。以北极变化的受害者身份介入北极事务具有一定的国际道义优势和合理性,也有助于削减北极国家的猜忌和疑虑。

印度意识到自己是北极的重要利益攸关者,但北极毕竟只是其次要利益区,因此乐于强调以合作伙伴的身份来应对北极的机遇与挑战。印度强调自己在极地科研、国际法谈判和气候谈判等方面都有丰富经验,可以在北极科学研究和气候治理上发挥重要作用。这一作用主要需通过双边和多边合作来实现。印度以极地科研为切入口,与北极国家深入合作。在资源开发问题上,印度特别注重发展与俄罗斯的良好关系,以获得合作开发利用资源的优势,同时注意协调北极自然环境与原住民的关系,尊重原住民的利益、传统文化及风俗习惯,争取原住民认同。印度也支持北极问题的多边合作,认可北极理事会在北极治理中的特殊地位,积极争取北极理事会观察员国身份,希望借助这一平台来增强北极影响力。印度以合作伙伴身份参与北极事务既有助于从北极获取经济利益,也便于其构建"北极利益攸关者"的身份,借此赢得国际社会更多更广泛的认同,提升其在北极事务中的话语权。不过,印度在这一领域也暴露出科研和资源开发活动对外依赖度高,与北极小国的北极外交成效有限,在北极治理中声音孱弱,以及未形成连贯的北极政策或战略等问题与不足。

---

① Alexander Engedal Gewelt, "India in the Arctic: Science, Geopolitics and Soft Power," University of Oslo,Spring 2016.

## 二、积极从南极参与中汲取经验

印度的极地研究活动是在其海洋思想和海洋战略的影响下发展起来的。反过来说，极地研究也成为其海洋强国建设的重要组成部分。印度的极地研究始于南极。多年来的南极参与为印度的北极活动提供了宝贵经验。印度介入南极事务可以追溯到1956年。冷战期间，印度多次向联合国提议南极国际化，呼吁由联合国托管，均因以美国为首的多国反对而失败。经过多次失败后，印度逐步意识到，要让南极的主权声索国放弃领土主权要求是不可能的。为了维护其在南极的科学、商业和战略利益，印度转而于1983年加入《南极条约》并成为其协商国。[1]此后，印度迅速由昔日南极洲国际化的积极推动者，转变为南极条约体系的维护者。[2]在国际舆论上，印度宣称自己可代表第三世界国家的利益和观点，可以影响发达国家的南极资源开发计划，并敦促《南极条约》以开放态度接纳更多国家。[3]印度先后在南极建立3座科学考察站，在南极科研和资源开发等领域取得了长足进步，更通过科研活动加强了其在南极地区的存在感。

印度的南极活动增强了其参与北极事务的能力。例如，在机构设置上，2018年7月，印度将果阿的"国家南极与海洋研究中心"改名为"国家极地与海洋研究中心"。在科研上，印度从近30年的南极科考史汲取经验，近年来在北极设立了科研站，利用成熟的技术和科学的研究方法进行北极研究。另外，印度国家极地与海洋研究中心已经与俄罗斯远东海洋运输有限公司（FESCO Transportation Group）签订合同，约定使用该公司的破冰船，用于南极站的一般货物运输和科学活动。由此获得经验最终也会有利于其在北极开展科考活动。[4]在观念上，印度许多分析认为北极与南极一样，是"全球公地"，一度积极鼓动中国和其他新兴国家同印度一起将北极置于国际议程

---

① Anita Dey, "India in Antarctica: perspectives, programmes and achievements," *Polar Research*, Vol. 27, No. 161, pp. 87–92.

② 郭培清：《印度南极政策的变迁》，《南亚研究季刊》，2007年第2期，第53页。

③ 同上。

④ Devikaa Nanda, "India's Arctic Potential," Observer Research Foundation, February 2019, pp. 7-8.

之下。①只是这几年才逐渐改变了态度。

### 三、理想主义和现实主义相交织

印度的外交政策表现出理想主义与现实主义相交织的明显二元特征，这与其战略文化密不可分。一国的战略文化对国家安全战略的制定有重要影响，印度的北极政策也深受其战略文化的影响。印度战略文化中的现实主义成分是在考底利耶主义和欧洲殖民者入侵的历史影响下形成的，其理想主义受到阿育王"法胜"思想的影响，又受到甘地带有强烈宗教色彩的"非暴力不合作"思想的推动。尼赫鲁的不结盟思想进一步加强了印度战略文化的二元特征。②此后，这种理想主义和现实主义交织的传统一直影响着印度历届执政者，后者将其作为印度制定国家战略的重要思想基础。

印度北极观点和政策实践的二元性主要表现在以下几个方面：

首先，在北极的国际法地位问题上，印度主流观点认为"北极是全人类共同继承的遗产"，反对北极国家在北极拥有专属特权。印度学界认为自己代表的是广大非北极国家的利益，坚持在保护北极脆弱的生态系统方面发挥核心作用，敦促动员相关国家推动北极问题国际化，长期主张以《南极条约》为模板制定一项专门的北极国际法律制度。更有部分研究强烈质疑北极国家的动机和现有治理制度的合理性，如萨仁山就认为印度应当谨慎考虑是否加入北极理事会，因为成为观察员国就要明确接受并承认北极国家的主权权利要求。③尽管如此，印度仍然于2013年申请并获得批准加入北极理事会，成为其"体制"内的一员。这一看似前后矛盾的做法正说明了印度北极政策中务实的一面，即以倡导北极是全人类共同遗产来论证其介入北极事务的合法性。一些研究的解读是，印度应避免在北极事务中扮演"修正主义角色"，加入北极理事会治理机构是为了更好地维护其北极利益，使其在未来的商业化前景、制度规则制定等领域不至于被排除在外，从而保障

① P. Whitney Lackenbauer, "India's Arctic Engagement: Emerging Perspectives," *Arctic Yearbook*, 2013, p.8.

② 宋德星：《现实主义取向与道德尺度——论印度战略文化的二元特征》，《南亚研究》，2008年第1期，第11—12页。

③ P. Whitney Lackenbauer, "India's Arctic Engagement: Emerging Perspectives," *Arctic Yearbook*, 2013, p. 9.

相关机制安排能体现印度的利益。①

其次,北极的资源开发和生态保护这一矛盾也体现了印度北极政策中理想主义与现实主义相交错的特点。商业活动迅速增长加剧了生态环境的脆弱性,给原住民的生存与发展带来了不利影响。印度一些研究指责北极沿岸国的经济开发和利益争夺,认为土著居民和非北极国家的利益诉求应得到更大的重视,主张印度倡导国际社会阻止北极的资源开发,减缓气候变化。②萨仁山称,印度跟随别国开发北极资源是短视行为,又说如果北极继续被不受控制的人类贪婪所破坏,印度承受的损失会大大高于可能的收益。③萨仁山也承认,印度既没有财力,也没有技术能力与目前北极争夺战的最前沿国家相匹敌。④

但是,印度很多研究则从地缘经济学的角度出发,建议印度在资源开发、航道通航等涉及商业利益和战略利益的领域采取更务实的态度。一些观点建议印度制定强有力的战略来参与北极资源开发,评估北极航线开放对现有贸易航线的影响,积极发展开发利用北极生物和非生物资源的能力,在现有法律框架范围内尽可能多地寻求北极国家进行双边或多边合作,如国家海洋基金会研究员萨胡贾强调印度与俄罗斯合作将为随之而来的资源开发和北海航线建设带来机遇。从政策实践来看,印度政府似乎已经接受了这一观点,目前正与俄罗斯围绕北极能源开发展开密切合作,以满足印度经济发展所需要的能源消耗。这也表明,尽管印度大多数关于北极的观点和活动都集中于科研和环保,但它对资源开发的兴趣日益增长,经济利益已隐然成为印度北极开发的重要考量。

最后,在地缘战略上,印度既将中国视为北极地区的主要竞争对手,又强调应加强亚洲国家特别是中印之间的北极合作,表现出内在的矛盾性。印度的北极政策论述强调了北极航线通航的跨洋影响,指出印度必须在北极地区平衡中国影响力。在资源开发合作上,中国也被视为印度与北极国

---

① P. Whitney Lackenbauer, "India and the arctic: revisionist aspirations, arctic realities," *Jindal Global Law Review*, Vol. 8, No. 1, 2017, p. 28.

② P. Whitney Lackenbauer, "India's Arctic Engagement: Emerging Perspectives," *Arctic Yearbook*, 2013, pp.12–13.

③ Ibid., pp. 8–9.

④ Ibid.

家开展合作的直接竞争者。①印度将参与北极事务视为平衡中国地缘政治影响力的一个重要领域。不过,印度又反复强调要与亚洲国家和非北极国家加强合作,而这种合作无论如何是绕不开中国的。

　　总的来说,印度尚未就本国的北极政策产生一致性或连贯性的意见和共识,这些看似矛盾的观点和立场正是印度北极政策中现实主义与理想主义相交织的体现。但不难发现,印度的外交政策以实用主义为主,理想主义为辅。理想主义与现实主义在不同时期不同方面服务于印度的不同利益需求,积极维护印度的利益。

---

① P. Whitney Lackenbauer, "India and the arctic: revisionist aspirations, arctic realities," *Jindal Global Law Review*, Vol. 8, No. 1, 2017, pp. 44–45.

# 第八章　印度北极政策面临的挑战

全球气候变暖以及由此引发的北极冰川融化,既为印度的北极参与提供了机遇,也为其带来了相应的挑战。印度的北极参与一方面受制于自身实力不足,另一方面也面临各种外部环境压力,面临着诸多挑战。

## 第一节　科研、开发和保护能力有限

印度经济实力不强,技术能力不足,在参与北极的科学研究、资源开发利用、环境保护以及原住民利益保护等方面往往力不从心。印度偏居南亚,与北极相距甚远,甚至算不上"近北极国家"。这不仅极大地限制了印度从北极地区获利的能力,还决定了印度必须同北极国家和国际机构合作,才能对北极治理问题施加影响。

印度还缺乏极地活动的必要资金和先进技术。印度前外秘萨仁山承认,印度是北极的相对后来者,既没有相应的财力也没有技术能力,难以同当前"北极争夺战"中的最前沿国家相匹敌。在北极进行科学研究或资源开发均需一定的经济基础。为了增强其科研能力,印度需要在北极建立更多的科考站,购买极地研究船,加大北极科研投入。但印度战略学界认为,北极地区并不是印度的战略优先事项,印度海洋战略的重点是确保其在印太地区占据主导地位,不应分散精力。①因此,印度可投入北极地区的资金总体还是比较有限的。例如,2014 年,印度内阁要求地球科学部重新修改两年前批准的破冰船计划,原因是汇率暴跌。②

---

① Uttam Kumar Sinha, *Climate Change Narratives: Reading the Arctic*, New Delhi: Institute for Defence Studies and Analyses, September 2013, pp. 76-77.

② P. Whitney Lackenbauer, India and the arctic: revisionist aspirations, arctic realities, *Jindal Global Law Review*, Vol. 8, No.1, April 4, 2017, p. 52.

　　印度还缺乏先进的技术条件,其科研考察的外部依赖性很强,这也是印度极地科考事业的一大短板。极地破冰船对于极地科研和资源开发至关重要,但印度至今仍没有自己的极地破冰船,只能依靠租来的极地研究船。缺少破冰船严重限制了印度开展极地研究活动,也造成了巨大的经济负担。印度早在 2010 年 6 月就批准购买一艘极地破冰船,但至今仍未实现。[①]这也反映出印度对北极科学工作重视不够,有关部门执行力不足。

　　更麻烦的是,印度在北极事务中的影响力仍然十分有限。印度虽以搁置关于"北极是全人类共同遗产"的言论为前提换取加入北极理事会的机会,但其观察员身份有很大局限性:印度只能参加工作组,不能自行发起任何提案(只有永久成员国才能发起提案),印度的财政贡献不得超过任何一个北极国家。[②]换言之,印度只有参与权和有限的发言权而没有表决权。结果就是,印度难以过问北极的军事安全问题,在北极资源开发和北极国家法律地位问题上也不愿表现得过于激进,以免引人诟病。总之,为了更大限度地利用好北极理事会这个平台,印度还需要更多的人力与资金投入。

## 第二节　缺少战略文件指导、政策目标含混

　　随着北极地区战略地位不断上升,北极国家和一些域外国家相继制定了自己的北极战略。在 2007 年的俄罗斯北冰洋插旗行动之后,各国更是加剧了对北极的争夺。印度参与全球治理的意愿不断增强,更积极主动地参与北极治理活动。然而,印度的北极参与仍处于初级阶段,始终未能制定连贯的北极战略。这在一定程度上有利于印度以"科学外交"为切口进行北极参与,避免北极国家对印度北极政策产生过多猜疑。但缺乏明确而权威的北极战略也导致印度对北极事务的立场不明确,容易造成误读,长远来看也不利于印度实现其北极利益。与印度同时期获得北极理事会观察员国地位的 6 个国家中已有 5 个出台了自己的北极政策或战略,只有印度还没有

---

　　① Nikhil Pareek, "India in a changing Arctic: an appraisal," *European Ecocycles Society*, Vol. 6, No. 1, 2020, p. 5.

　　② "Report on Seminar on 'India's Engagement with the Changing Arctic'," Indian Council of World Affairs, March 4, 2020, p. 11.

明确发布官方的北极政策文件。[①]

在加入北极理事会前,印度战略学界和学术界也围绕印度的北极作用进行了辩论,学者们对印度在北极事务中应扮演的角色有诸多分歧,这些辩论中的分歧和矛盾也在很大程度上影响着印度的北极活动,导致印度的北极政策取向不明。在诸如如何平衡北极环境保护和原住民权益与印度能源需求增加之间的关系、是否申请北极理事会观察员资格等问题上,印度政府的观点和政策往往是不明确甚至前后矛盾的。[②]比如,印度外交部长期强调北极地区的快速变化需要各利益攸关方积极参与到"全球公域"治理中来,但在 2012 年 11 月 6 日,印度却向北极理事会当时的轮值主席国瑞典递交了观察员国申请,令许多北极观察家感到意外。印度多次强调其在北极的利益是科学研究和环境保护,但其北极政策实践表明,印度的极地叙事正在变化,越来越关注北极潜在的商业和战略价值而不是气候风险。

## 第三节 "北极国家""域内治理"倾向的严重制约

目前,北极地区尚无规定各沿岸国及其他国家权利与义务的多边公约或条约,北极域内国家都试图将本国利益最大化。北极国家"垄断"了北极治理的话语权,非北极国家与其他国际组织的参与权遭到严格限制。由北极国家以及 6 个北极原住民社群代表组成的北极理事会是处理北极事务的核心机构。成为北极理事会观察员国是域外国家和非国家行为体参与北极治理的最有效途径。但北极理事会并非如联合国、世界贸易组织、北约或东盟之类的以条约为基础的国际法主体,而是促进合作管理北极地区活动的政府间"论坛",是一种软法律制度。这种机制缺乏实施的保障,对北极地区的各种问题很难采取具有实际法律约束力的解决措施。这一现状对印度谋求扩大影响也造成了巨大困扰。

印度虽已获得观察员国地位,仍然很难在关键问题上发挥作用,解决北极问题的主导权仍掌握在北极国家手里。北极理事会成员国担心非北极国

---

① The Arctic Institute, "research, country, India," https://www.thearcticinstitute.org/countries/india/?cn-reloaded=1.

② Husanjot Chahal1, "India in the Arctic," Conseil québécois d'Études géopolitiques, https://cqegheiulaval.com/india-in-the-arctic/.

家的加入会稀释自己的权力,提高了观察员国的准入门槛,对其职责权限也做了严格限制。2011 年 5 月 12 日,北极理事会努克会议发布《北极高官报告》,规定理事会永久观察员必须承认北极国家在该地区的主权、主权权利和管辖权,也被称为"努克标准"。①这意味着非北极国家必须放弃北极是"全球公域"的观点。北极国家正凭借地理优势,争相提出北极外大陆架划界申请,北极的海洋资源和矿物能源多位于这些大陆架上,而作为观察员国的印度对这类主权权利问题则无能为力。各北极国家之间的主权和领土争端主要依靠《联合国海洋法公约》和双边协商谈判来解决。如加拿大一直坚持将西北航道定义为本国"内水",试图完全控制该航线,但其他北极国家特别是美国不予承认,这一问题的解决很大程度上仍然取决于美加两国的政治关系。②

北极域内国家之间虽有主权领土争端,但它们不希望非北极国家参与北极核心事务。2008 年 5 月,环北冰洋沿岸五国外交部签署了《伊卢利萨特宣言》,声称五国凭借对北冰洋大部分海域的主权、主权权利和管辖权,在解决北极问题时拥有独一无二的主导地位,没有必要再建立一个新的广泛性北极国际法律制度。③一些北极国家对非北极国家参与北极事务持怀疑态度。④印度早在 2012 年申请观察员国资格的时候,就意识到加拿大和俄罗斯在北极理事会"扩容"问题上态度犹豫,因为他们认为更多的观察国可能使达成共识的过程复杂化,削弱北极国家对地区问题的控制权。⑤俄罗斯坚持"北极必须为北极国家所保留",印度则并未完全放弃将北极视为"全人类共同遗产"的一部分。⑥这些都会影响到印俄在北极地区的合作。

---

① 郭培清、孙凯:《北极理事会的"努克标准"和中国的北极参与之路》,《世界经济与政治》,2012 年第 12 期,第 120 页。

② 张佳佳、王晨光:《北极治理话语权:主体、议题与机制》,《学术探索》,2018 年第 10 期,第 22 页。

③ 曹升生:《丹麦的北极战略》,《江南社会学院学报》,2011 年第 2 期,第 34 页。

④ 杨孟倩、葛珊珊、张韧:《气候变化与北极响应——机遇、挑战与风险》,《中国软科学》,2016 年第 6 期,第 23 页。

⑤ P. Whitney Lackenbauer, "India and the arctic: revisionist aspirations, arctic realities," *Jindal Global Law Review*, Vol. 8, No. 1, 2017, pp. 46–47.

⑥ Sergey Sukhankin, "Looking Beyond China: Asian Actors in the Russian Arctic," *Eurasia Daily Monitor*, May, 2020, https://jamestown.org/program/looking-beyond-china-asian-actors-in-the-russian-arctic-part-one/.

在对待域外国家参与北极事务的态度上，相比于俄罗斯和加拿大的保守态度，美国持较开放心态。在北极公海渔业、气候变化、削减碳排放等"低政治"领域，美国积极鼓励与非北极国家加强国际合作，以促进共同利益。①美国与域外国家开展合作的出发点是维护美国的北极利益。在涉及国家主权和安全利益的中心议题上，美国依然会限制域外国家的参与。美国对印度的北极参与虽未明确表态，但可以预见的是，美国北极政策的安全取向并不会有利于印度的北极参与。2019年5月，美国国务卿蓬佩奥在讲话中声称北极已成为"权力和竞争的竞技场"，②表明美国已将北极视为未来大国竞争与对抗的重要区域，试图以更多的北极军事活动来强化其北极"领导者"的地位。美国认为俄罗斯在北极的军事活动对其国家安全构成了威胁，两国的北极军事活动日益增多，导致北极对抗态势加剧。③美俄北极竞争与对抗不仅会影响北极环境的稳定和安全，更会影响印度与俄罗斯开展北极合作，而印度肯定会被迫在美俄两个北极大国间寻求平衡。

此外，美国特别强调北极的气候问题与环境保护，对北极经济开发则着墨较少。由于国内新能源革命、环保主义者反对和阿拉斯加原住民群体的利益诉求，相对于其他北极国家，美国在北极能源开发的问题上态度消极。特朗普政府虽对北极环保禁令有所松绑，但在经济开发上的态度依然是利己排外的。④这与印度等域外国家的利益诉求也有较大差异。

此外，由于北极理事会刻意回避传统安全问题，印度即便成为理事会观察员国，作用也受到极大制约。北极五国正对其海军进行现代化改造并定期进行军事演习。2014年9月初，俄罗斯重新开放其在弗兰格尔岛（Wrangel）和施密特角（Cape Schmidt）的两个北极军事基地。其他北极国家对此表示不安，如加拿大总理史蒂芬·哈珀2014年8月表示，"一个大胆的俄罗斯对其北极邻国构成威胁，加拿大必须对俄罗斯在该地区的入侵行为作出

---

① 郭培清、董利民：《美国的北极战略》，《美国研究》，2015年第6期，第56—57页。

② 傅梦孜、陈子楠：《析美国北极战略大转向》，《中国海洋报》，2019年8月20日，第2版。

③ 王丛丛：《美国北极政策军事化及其影响》，《战略决策研究》，2021年第2期，第22页。

④ 郭培清、邹琪：《特朗普政府北极政策的调整》，《国际论坛》，2019年第4期，第28页。

回应。"①不过,加拿大的动作也不少,经常参与海军演习,提高其应对地区紧急情况的能力。这些军事行动使北极局势更加紧张,无形中也增加了印度与有关国家合作开发资源的难度。

## 第四节　北极开发的技术与社会挑战

北极自然环境恶劣,基础设施薄弱,给航道开通和资源开采等商业活动带来了极大的不确定性和不稳定性。一方面,不确定的极端天气增加了通航过程中发生突发事件的概率。尽管北极冰川融化令通航条件有所改善,但短期内风险依然很大。印度远离北极,在北极航行方面严重缺乏应对突发情况的应急经验。从中短期来看,水文和航运信息有限、基础设施不完善等安全问题都会严重制约其在北极地区开展大规模航运。另一方面,成本高昂也成为制约北极油气开发的主要问题。北极天气寒冷,可钻探时间很短,需要特殊钻机才能避免受到浮冰和恶劣天气的影响,这就造成钻探成本居高不下。俄罗斯石油公司和美国最大的石油巨头埃克森美孚公司花费6亿多美元在北极的喀拉海(Kara Sea)开采了第一口北极油井,可钻探季节只有3—4个月,但其钻探成本极高,已成为石油工业历史上最昂贵的钻井之一。②北极油气管道的铺设、运营和维护,购买勘探许可证和钻探许可证,租赁设备,雇佣人员,都面临极为高昂的成本。随着美国页岩气产量增长,国际天然气价格水平下降,经济成本将成为北极油气开发的一大问题。根据英国劳埃德保险社(Lloyd's)和英国皇家国际事务研究所(Chatham House)2012年4月的研究报告,北极条件恶劣且难以预测,由此造成了巨大的后勤和运营挑战,并非所有保险公司都愿提供保险服务。③2012年夏,荷兰皇家壳牌公司(Royal Dutch Shell)在北极楚科奇海的勘探和钻探工作未能达到预期效果。与此类似的是,凯恩能源公司(Cairn Energy)对格陵兰

---

① Vijay Sakhuja and Gurpreet S Khurana et al. eds., *Arctic Perspectives*, New Delhi: National Maritime Foundation, 2015, pp. 3–5.

② 王淑玲、姜重昕、金玺:《北极的战略意义及油气资源开发》,《中国矿业》,2018年第1期,第25页。

③ Emmanuelle Quillérou, et al., "The Arctic: Opportunities, Concerns and Challenges," 2015, p. 55.

岛沿岸探井的大量投资也未能获得任何商业收益。①这些不成功的北极勘探活动，也使得外界开始质疑北极作为"新能源省"的地位。②北极的石油天然气开采，本质上仍取决于其商业盈利能力。总之，在北极开采资源，必须有足够的资金支持、先进的生产设施，以及专业化的技术人员，而这些都是印度严重缺乏的。即便印度决心在北极开采油气，其生产成本仍将极其高昂，要实现可持续的商业化开采相当困难。如何在经济收益与高风险之间取得平衡，将是印度在北极开发资源所面临的重大挑战。

印度的北极参与还面临复杂而严峻的生态与社会挑战。北极地区居住着约150万不同种族的土著居民，他们在北极已生存若干世纪，严重依赖北极的环境。③北极商业活动增加，船舶和钻井机涌入，对土著居民的生存与发展构成了重大影响。北极土著居民以传统的渔业捕捞和打猎为生，他们严重依赖环境提供的生存资源，近海资源开发与北极土著居民的自给性渔业捕捞之间存在竞争。一方面，资源开发可能引起生态破坏，使生物多样性锐减；另一方面，土著居民的生存范围或可居住地又明显缩小，其处境颇为不利。北极资源开发也会严重影响土著居民赖以生存的自然环境，涉及空气和海洋污染问题，特别是石油泄漏、持久性有机污染物（POPs）、重金属、放射性物质以及臭氧层消耗等问题。北极海上运输船和旅游船的重型柴油燃料污染，可能引起海冰加速下沉。④1989年阿拉斯加的"埃克森·瓦尔迪兹"油轮（Exxon Valdez）石油泄漏事故和2010年墨西哥湾的"深地海平线"钻井平台（Deepwater Horizon）事故迫使人们关注钻井活动的潜在危害和生态后果。⑤资源开采带来的环境污染会严重危害北极土著居民的身体健康和北极的生物多样性。不仅如此，海底油气资源和其他矿产资源开采可能造成北极海洋生物的被动迁移，严重影响北极原住民的渔业生计，挤压其生存空间。资源开发和北极通航带来的垃圾排放和噪声污染也会打破北极

---

① Uttam Kumar Sinha, Arvind Gupta, "The Arctic and India: Strategic Awareness and Scientific Engagement," *Strategic Analysis*, Vol. 38, No. 6, 2014, pp. 880–882.

② Ibid., p. 881.

③ Emmanuelle Quillérou, Mathilde Jacquot, Annie Cudennec, Denis Bailly, *The Arctic: Opportunities, Concerns and Challenges*, 2015, p. 55.

④ Ibid., p. 56.

⑤ Uttam Kumar Sinha, Arvind Gupta, "The Arctic and India: Strategic Awareness and Scientific Engagement," *Strategic Analysis*, Vol. 38, No. 6, 2014, p. 881.

原有的平静,原有的基础设施可能遭到破坏。

对印度来说,妥善应对北极开发中的生态与社会风险也是个很严峻的挑战。[1]北极原住民在北极地区有重要作用,这是任何其他区域集团中的原住民都无法比拟的。[2]由于各种复杂原因,北极国家纷纷出台相关法律和政策,在理论上确立了北极原住民对土地和资源的权利。人权组织和国际法也为北极原住民捍卫自身权益提供了坚实的法律保障和道义依据。例如,《联合国原住民宣言》第26条规定,原住民对其传统拥有、占有、使用、获得的土地、领地和资源享有自我决定权利。[3]此外,原住民在北极理事会的地位也举足轻重,影响着理事会的会议议程和决议。因此,印度的北极活动绕不开北极原住民,更需要与其建立深厚的联系,重视其需求,利用好北极原住民在北极的重要作用,实现自己的北极利益。破坏北极生态和社会的活动不仅会损害原住民利益,还忽视了北极原住民的诉求;不仅会导致矿物开采停滞,也与人权原则所保障的最基本的生存权利相悖,为各国法律和国际道义所不容,会严重影响到印度在北极事务中的声誉,有损印度的国际形象,与印度借助北极参与走向世界舞台的大国战略也是背道而驰的。

---

① Nikhil Pareek, "India in a changing Arctic: an appraisal," *European Ecocycles Society*, Vol. 6, No. 1, 2020, pp. 2–3.

② Shailesh Nayak, D. Suba Chandran, "Arctic: why India should pursue the North Pole from a science and technology perspective?" *Current Science: A Fortnightly Journal of Research*, Vol. 119, No, 1, 2020, p. 903.

③ 阮建平、瞿琼:《北极原住民:中国深度参与北极治理的路径选择》,《河北学刊》,2019 年第 6 期,第 202 页。

# 第九章　印度北极参与的影响及对华启示

印度的北极政策迅速提高了其在北极问题上的国际地位,其北极参与固然还有诸多亟待解决的问题,但对中国参与北极事务仍有一定的借鉴意义,也会影响到两国关系的未来发展。

## 第一节　印度北极参与的影响

印度参与北极事务较晚,但进展迅速,作用独特。印度在北极的一系列政策实践维护了自己的北极利益,增强了北极话语权,推动了北极治理多元化,但各国利益交织也使这一地区的地缘政治博弈变得更加错综复杂。

### 一、提升印度在北极事务中的话语权

印度积极参与北极事务讨论,在国际舞台上表达自己对北极事务的观点和立场,有助于其提升在北极事务中的地位,进而提高其国际话语权和影响力:首先是凸显了印度的大国身份。印度正不断重新评估并反思其在全球地缘政治空间中的角色,希望具备在北极乃至全世界制定议程的能力。通过北极理事会平台,印度可与北极大国建立双边和多边对话,在北极治理方面提出更全面的观点,为北极治理做出贡献,借此增强本国的国际影响力。其次是将印度定义为北极"利益攸关国家"。北极气候变暖带来的冰川加速融化、全球海平面上升、极端天气事件频率增加等事件都会直接影响到印度,印度据此强调自己有理由考察监测北极气候变化,作为新兴大国有权利也有义务在北极问题上发表看法,表达利益关切,为推进国际治理发挥独特的作用,展现了负责任的大国担当。最后,印度还通过提高科研实力并加入北极理事会来提升在北极事务上的话语权。印度借助北极科研不断彰显其积极应对全球气候变化、促进极地生态系统保护和海洋资源可持续利用

的大国姿态。印度于 2007 年在瑞典斯瓦尔巴德群岛建立了研究站,还通过增加北极科研投入、谋划购买破冰船等措施提高了北极科研能力。印度将科研成果与各国共享,借此为各国对气候变化、微生物、冰芯岩等领域的研究提供强有力的信息数据支撑。截至 2013 年,有来自 18 个国家机构、组织和大学的 117 名科学家参加了印度国家极地与海洋研究中心策划的北极科研项目。[1]这些措施表明了印度在北极事务中的积极作用,有助于推动北极科研事业发展。

## 二、助推印度大国战略

在其他大国相继进军北极的情况下,拥有大国梦的印度也不甘落后,其北极参与越来越成为印度大国战略的工具。自尼赫鲁以来,历届印度政府都将实现"有声有色"的大国梦作为理想。印度的大国战略要求其在国际舞台上发挥与自身实力相称的作用,而北极事务为印度提供了这样一个契机。一方面,印度在北极地区积极开展科学与软实力外交,在北极治理中更加强调环境保护,有助于展示自己的大国担当与责任,提升其在北极事务乃至全球事务中的地位与话语权。另一方面,印度有更多机会利用北极理事会平台来表达其北极治理观,如"北极是人类共同遗产"等。此外,印度将中国视为主要战略竞争对手。在这种思路支配下,北极有可能成为中印竞争的新舞台。印度对中国的北极活动多有关注,对北极航线开发可能引发的中印地缘政治环境变化表示担忧。印度退役海军中校尼尔·加迪霍克（Neil Gadihoke）强调,"北极军事化的发展趋势将转移美军在印度洋地区的注意力,留下巨大的权力真空"。[2]他认为,没有美军的制衡,中国海军就会积极向印度洋扩张,北极的替代性航线也有助于缓解中国的"马六甲困局",而这是不利于印度的。[3]上述分析表明,印度很多人其实是将中国对印度洋航线的依赖视为可在冲突中加以利用的一大优势。对北极局势的可能变化,印度很多人其实颇为失落:因为印度不仅可能失去掣肘中国的砝码,还可能

① 宋国栋:《印度北极事务论》,《学术搜索》,2016 年第 6 期,第 21 页。
② P. Whitney Lackenbauer, "India's Arctic Engagement: Emerging Perspectives," *Arctic Yearbook*, 2013, pp.10–12.
③ 梁甲瑞:《中印在北极地区的海洋战略博弈》,《南亚研究季刊》,2019 年第 2 期,第 27 页。

面对中国趁机填补"真空"并"挑战"其在南亚及印度洋地区主导地位的问题。印度一些研究还强调中国的北极活动会对印度的地缘政治经济利益构成威胁，认为中国北极活动增加可能加剧北极污染，在全球范围内产生不利影响。[1]一些研究据此主张印度强化北极活动来制衡中国。值得注意的是，美国及其盟友对中国崛起的无端猜忌也可能推动其在北极扶持利用印度来制衡中国。例如，美国陆军近日发布题为《夺回北极主导权》的战略文件，声称为了夺回北极主导权，将在北极部署多域特遣部队，可考虑与印度军队在喜马拉雅山脉开展军事演习，以北极任务为重点来提升北极作战能力。[2]这一文件已发出了危险的信号，值得我国研究人员密切关注。

### 三、加剧资源争夺

北极冰川融化在给印度带来挑战的同时，也为其从北极获取能源并谋求经济利益提供了可能。印度的北极活动一方面可能加剧北极国家之间的资源争夺，另一方面也可能刺激其他近北极国家和非北极国家进一步参与北极资源开采。

北极冰川融化为油气、航道和渔业等资源的开发利用提供了可能。印度难以成为航道开辟和资源开发的主要受益者，但仍然可以鼓励国内企业与国外油气巨头合作开发北极能源，借此分享北极资源开发的利益。印度的北极参与加剧了北极已有的资源争夺。印度是能源消费大国，正寻求能源进口供应多元化，北极油气资源开发的巨大潜力为其能源进口提供了一个新方向。为维护能源安全，保持经济持续快速增长，印度热衷于向北极资源开发活动投资，寻求与北极国家加强能源合作。印度研究称，俄罗斯将在确保印度能源安全方面发挥重要的作用。[3]当前，印俄两国的石油天然气公司已展开深入合作，印度也在寻求加强与其他北极国家的能源合作，借此确保其有条件获取北极资源。印度有可能成为北极国家间博弈需要拉拢的对

① Sergey Sukhankin, "Looking Beyond China: Asian Actors in the Russian Arctic," the Jamestown Foundation, May, 2020, https://jamestown.org/program/looking-beyond-china-asian-actors-in-the-russian-arctic-part-one/.

② 《美陆军公布新北极战略露野心》，人民网，2021年3月24日，http://military.people.com.cn/n1/2021/0324/c1011-32059248.html。

③ Tatyana L. Shaumyan, Valeriy P. Zhuravel, "India and the Arctic: environment, economy and politics," *Arctic and North*, No. 24, 2016, p. 159.

象,来重塑北极地区力量平衡。总之,印俄合作扩大了对北极地区的资源开发力度,为双方关系发展添加了新的动力,可能刺激相关国家在北极的军事竞赛,以抢占资源和扩大影响力。

印度与北极国家合作开发北极资源也会刺激非北极国家积极介入北极资源争夺战,油气进口大国未来可能争相从北极资源开发中获取经济利益。实际上,目前日本、韩国等亚洲国家已走在北极资源开发利用的前列,印度的介入很可能加剧这种竞争,导致局势愈演愈烈。

### 四、维护以现有国际法为基础的北极治理体系

印度将《联合国海洋法公约》(以下简称《公约》)作为从事北极活动的主要依据。根据《公约》,北冰洋沿岸国可对北极海域主张领海、专属经济区大陆架和外大陆架,行使相应的主权、主权权利和管辖权,除此之外的其他海域皆为公海和国际海底区域。[①]根据《公约》第 234 条,北极沿海国为在专属经济区内减少并控制海洋污染而拥有特殊的监管和执行权。此外,《联合国气候变化框架公约》《国际海上人命安全公约》( SOLAS )、《防止船舶污染国际公约》( MARPOL )、《航海人员训练、发证及航行当值标准国际公约》( STCW )以及《北极海洋石油污染预防与应对合作协议》等都是北极法律体系的重要组成部分,是处理北极争议问题的重要法律依据,也是印度参与北极事务的基本参照。[②]

印度无法改变北冰洋沿岸国在很大程度上垄断北极治理的事实,只能积极维护以《联合国海洋法公约》为代表的国际法律体系,以此增强其参与北极治理的能力。一方面,美国虽不是《联合国海洋法公约》缔约国,但包括美国在内的北冰洋沿岸五国都同意了《联合国海洋法公约》法律制度也适用于北极地区。[③]《公约》赋予了非北极国家在北极部分地区从事商业航运和捕鱼等一系列活动的权利。[④]《公约》是制定国家海洋政策的基础,也是

---

① 宋国栋:《印度北极事务论》,《学术搜索》,2016 年第 6 期,第 21 页。

② Emmanuelle Quillérou, Mathilde Jacquot, Annie Cudennec, Denis Bailly, "The Arctic: Opportunities, Concerns and Challenges," 2015, pp.57-58.

③ Uttam Sinha, et al., "The Arctic: Challenges, Prospects and Opportunities for India," *Indian Foreign Affairs Journal*, Vol. 8, No. 1, January–March 2013, p. 25.

④ Sanjay Chaturvedi, "China and India in the Arctic: Resources, Routes and Rhetoric," *Jadavpur Journal of International Relations*, Vol. 17, No. 1, 2013, p. 61.

制定相关区域和国际法律文书的基础,但在复杂多变的现实面前也难免存在无法适用的情形。印度将围绕《公约》的诠释和磋商视为自己的一大优势,强调自己拥有 50 多年积极参与海洋法谈判的经验,可凭借其丰富经验在北极治理中发挥建设性作用。[①]另一方面,印度学者多将北极视为需要保护的"全球公地"或"人类共同遗产"。根据《联合国海洋法公约》,印度坚持认为自己有权在北极进行科学研究,有能力为北极的环境与生态保护做出贡献。[②]此外,北极五国在 2008 年伊卢利萨特会上曾明确表示不需要建立新的北极治理机制,[③]任何将北极问题纳入联合国议程的努力都会受到来自现有北极沿岸国的抵制和反对。因此,印度若想在北极治理中发挥作用,就必须在现行国际法特别是《联合国海洋法公约》的框架下参与,既要承认北极理事会的重要地位,也要强调非北极国家的身份和权益;要避免介入北极国家主权和领土争端,同时加强与亚洲国家的合作,利用北极理事会平台积极参与北极事务,增强国际话语权。

## 第二节　印度北极参与的对华启示

　　北极的剧烈变化吸引了包括印度在内的诸多域外国家的注意力,北极理事会"扩大"也为域外国家跻身"北极俱乐部"提供了机遇。非北极国家在北极治理方面存在若干共同诉求。中印同为新崛起的大国,又都是非北极国家,在北极事务中的处境相似,有诸多共同利益,但印度一直将中国视为其在全球范围内的主要战略竞争对手,[④]牵制了两国的合作。北极地区的新变化对中印关系来说既是机遇又是挑战。印度在北极地区的政策实践,对中国北极事业的发展,也有一定的借鉴意义。

---

①　Uttam Kumar Sinha, Arvind Gupta, "The Arctic and India: Strategic Awareness and Scientific Engagement," *Strategic Analysis*, 2014, p.880.

②　P. Whitney Lackenbauer, "India's Arctic Engagement: Emerging Perspectives," *Arctic Yearbook*, 2013, pp.13-15.

③　杨孟倩、葛珊珊、张韧:《气候变化与北极响应——机遇、挑战与风险》,《中国软科学》,2016 年第 6 期,第 22-23 页。

④　蓝建学:《印度大国梦中的中国情结》,《当代亚太》,2004 年第 12 期;杨思灵:《印度大国博弈策略偏好如何影响中印关系》,《人民论坛·学术前沿》,2018 年第 1 期。

印度海洋政策新探索——以印度洋和北极为例

## 一、对中国北极参与的启示

印度的北极参与要晚于中国,但发展迅速,也积累了丰富的极地治理经验,有很多值得中国学习和借鉴的地方。印度在北极地区突出科研和环保、深化国际合作,可以为中国参与北极事务和极地研究提供借鉴。

第一,加大北极科研力度,突出科研重要性。印度北极政策的突出特点是大力开展科学考察和研究活动,借此逐步增强印度的北极话语权,不断塑造其极地科研大国的身份。这一点值得中方借鉴。以科研为突破口更易获得国际社会的认同和支持,开展北极科研一方面有利于准确而全面地认识北极海冰融化对气候变化的影响,有助于中国有效应对气候变化及北极冰川融化带来的地缘政治经济挑战;另一方面也有利于获取油气资源、北极航道等领域的科学数据,北极环境监测有助于客观评估北极资源的开发前景,为中国参与北极资源开发和航道利用奠定基础。科学考察站在极地考察中有重要意义,而中国目前在北极只建有黄河站,大大落后于在南极的科考站建设力度。[①]因此,中国有必要加大科考力度,建立完备的北极监测体系,发展开发北极生物和非生物资源的技术能力,培养高水平、专业化的北极科研人才,积极参加北极科学活动与会议,借此塑造北极科研大国和重要利益相关方的身份,同时全面提升国家的北极话语权。

第二,倡导环境保护。北极地理位置特殊,其自然环境变化的影响是全球性的,中印也难免受到影响。北极地区的生态环境极为脆弱,气候变暖、资源开发、石油泄漏等人类活动给北极的生态环境带来了严峻挑战。印度一些研究积极倡导建立北极环境保护制度,保护北极的动植物、海洋环境和可持续发展,谨慎对待北极资源开发,产生了较大影响。但域外国家在北极生态环境保护方面能采取的实际措施是极为有限的,印度的具体措施也只能集中于积极应对气候变化方面。印度是世界第三大碳排放国,也是全球气候治理舞台上积极而活跃的重要角色。2008年,印度发布《气候变化国家行动计划》,重点实施8项计划,[②]表示将自愿削减碳排放。印度还利用

① 王晨光、孙凯:《域外国家参与北极事务对中国的启示》,《国际论坛》,2015年第1期,第33页。

② 时宏远:《印度应对气候变化的政策》,《南亚研究季刊》,2012年第12期,第90页。

《京都议定书》中的"清洁发展机制"（CDM）[1]大力强化清洁发展项目，推动节能减排，形成了较成熟的碳交易市场机制，与国际碳市场相接轨。[2]此外，印度还积极参与国际气候谈判，试图在这方面发挥独特乃至领导性的作用。由此可见，在减缓和适应气候变化方面，印度的确有不少颇有成效的做法。中国可借鉴印度经验，有效发挥市场机制作用，推动碳交易市场国际化，丰富交易品种，加快碳金融创新，增加市场活跃度；[3]同时还可依托发达国家的资金和技术支持，促进中国经济、社会与环境的协调可持续发展，不断完善应对气候变化的国际合作机制。值得一提的是，由于印度总体经济实力有限，一些气候应对计划的实际执行面临不少困难，而中国在低碳能源技术研发上具有成本低的优势，可以在印推广使用。未来北极的商业投资活动可能会增加，导致北极环境进一步恶化，而大部分成本将由发展中国家来承担。中印两国都是气候变化的最大受害者，面临着消除贫困并改善民生的重大挑战，又需要有效应对气候变化所导致的风险。同时，中印也有相同的诉求，即要求发达国家率先大幅减排，向发展中国家提供资金、技术转让及能力建设。[4]因此，中印两国可在联合国气候谈判中进一步协调立场，深化共同利益，加强交流与合作，促进更公正合理的国际气候治理架构。

第三，加强与北极国家的合作。一些北极国家认为中国是非北极国家，也是世界秩序的"挑战者"，对中国北极活动的认知存在误解和偏见。[5]其实，在北极事务上，印度也曾长期因非北极国家身份而受到排挤。尽管面对各种挑战，印度仍坚持不懈地开拓与北极国家的合作，在科研和能源开发领域分别以挪威和俄罗斯为重点合作对象，同时积极提升印美在北极事务上的合作，取得了较好成效。对中国来说，印度的经验颇有可借鉴之处。展望未

---

① "清洁发展机制"是《京都议定书》中引入的碳交易机制。核心内容是允许发达国家与发展中国家进行项目级的减排量抵消额的转让与获得，从而在发展中国家实施温室气体减排项目。

② 时宏远：《印度参与全球治理的理念与实践》，《国际问题研究》，2016 年第 6 期，第 50 页。

③ 劳承玉、张序：《中印实施碳减排的政策与机制比较》，《南亚研究季刊》，2019 年第 2 期，第 64 页。

④ 《在这个关键时刻，中印站在了一起？》，《环球时报评论》，2021 年 11 月 14 日，https://m.thepaper.cn/newsDetail_forward_15384903。

⑤ 阮建平、瞿琼：《北极原住民——中国深度参与北极治理的路径选择》，《河北学刊》，2019 年第 6 期，第 203 页。

来,中国很有必要在相互尊重对方底线与原则的基础上,与北极国家开展有效的双边和多边交流合作。中国参与北极治理既要尊重北极国家的合法权益,也要着眼于国际社会共同利益,增进各国在观念和价值层面的共识,积极提供北极公共产品。

第四,塑造大国形象,积极推进北极治理。北极问题涉及甚广,包括生态环境保护、资源开发利用和地缘政治经济等,已大大超出了北冰洋沿岸国的范围。印度以全球共同关注的气候变化问题为切入点,强调应对北极挑战需要世界各国共同参与。印度依托北极理事会平台,利用在《南极条约》方面的经验和专业知识,提供更为全面的北极治理观点,借此保障北极地区的安全与稳定,并从现有的北极治理活动和体系中脱颖而出,增强影响力。中国是新兴的经贸大国,经济实力和综合国力有目共睹,有条件推出若干体现人类命运共同体利益的治理方案,在北极治理中发挥更大作用。

首先,要充分认识到生态环境保护、气候变化等议题会在很长一段时间一直成为北极治理的重要内容,且其政治敏感度相对较低,外界参与更易被北极国家接受。有鉴于此,中国未来可将环保和科研作为突破口,积极主动承担削减碳排放的责任,着力推进全球气候治理,倡导构建更包容更开放的"北极命运共同体",争取在气候领域的话语权。其次,在北极商业开发与基建投资中,中国需注意协调资源开发和原住民生存发展之间的关系。中国参与北极治理不仅要增进对北极各国及其北极治理政策的了解,也要重视维护土著居民的合法权益。比如,格陵兰岛在丹麦内部享有高度自治权,其利益诉求具有一定的独特性。深入了解格陵兰历史,正确对待当地居民的合理诉求,大大有利于中方参与北极事务。[①]作为负责任大国,中国的北极参与要有"温度"和人文关怀,要加强同原住民的交往,维护原住民合法权益,设法避免挤压原住民就业机会,还需要适当淡化政府角色,多发挥团体和企业的作用。最后,中国有必要在遵循现有国际制度安排的基础上,参与构建新的北极秩序。现行北极治理机制为中国的北极参与提供了契机。中国是《联合国海洋法公约》和《斯瓦尔巴德条约》缔约国,还参与了北极理事会、国际北极科学委员会、国际海事组织、国际捕鲸委员会(IWC)等北极治

---

① 阮建平、瞿琼:《北极原住民——中国深度参与北极治理的路径选择》,《河北学刊》,2019 年第 6 期,第 204—205 页。

理平台。这一格局有利于中国利用在各组织中的成员身份和极地专业知识，为北极治理发挥作用，为北极地区的安全稳定提供公共产品。同时，中国也需积极参与北极新规则的制定，推动引导北极治理朝着更公正合理的方向迈进。

### 二、对中印关系的影响

印度是中国重要邻邦，两国均是人口大国和最大发展中国家，两国关系也是冲突与合作相交织的。中印之间长期存在历史遗留的边界问题，不仅如此，印度一直将中国视为其在全球范围内的主要战略竞争对手。对"一带一路"建设中的中巴经济走廊建设，以及印度洋沿岸港口建设，印度存有诸多疑虑和担忧。西方还炮制出所谓的中国"珍珠链"战略，声称中国正通过投资南亚的瓜达尔、汉班托塔等印度洋贸易港口建设来获取军舰的海外停泊基地，有关言论在印度颇有市场，一些媒体还热衷于将中印发展比作"龙象之争"。印度近年来积极谋求北极权益，参与北极事务，也给中印关系带来了新的机遇和挑战。北极冰川融化导致的地缘政治变化可能会影响中印在印太地区的关系，也会对中国的海洋利益和北极利益造成影响。根据新功能主义的"外溢效应"，相关国家在某一领域的合作越成功，在其他领域进行合作的动力就越强，也更有利于两国将在这一领域合作建立的互信扩展到其他领域，甚至是昔日认为难以调和的领域。

由于历史恩怨和地缘战略考量，印度很多人将中国作为竞争对手，也是其要超越的对象，同中国在国际政治经济各领域争夺权力和话语权。北极变化可能导致中印战略竞争加剧，这也成为印度密切关注中国北极活动的重要驱动力。印方有分析将中国的北极参与视为战略威胁，典型者如印度海军退役军官尼尔·加迪霍克公开表示：目前中印陆空力量对比相对平衡，而海上力量将对两国竞争起决定性作用；东北航线的发展将大大削弱印度洋作为东西方海上交通运输大动脉的作用，印度在双方冲突时切断中国海上能源供应的能力将严重削弱，这会打破中印之间的力量平衡。[1]

尽管中印在北极地区存在战略博弈的可能性，但双方在北极也有巨大

---

① 陈腾瀚：《"马六甲困局"再思考：被"过度解释"的风险》，《东南亚研究》，2018年第6期，第141页。

的合作空间：

第一，中印同属北半球国家，两国气候安全和社会经济发展都受到北极气候变化的强烈影响。两国政府的北极政策一直强调北极科研的重要性，且中印都在极地研究领域有较丰富的经验。印度北极活动的资金和技术支持相对匮乏，而中国经济优势和基建经验相对较为突出。因此，中印可以优势互补，就共识性问题展开合作，如两国可深化北极科研合作，探讨北极自然环境变化与中印国内气候变化的联系，推动北极环境保护和可持续发展。北极地区的冰川融化与喜马拉雅地区的冰川融化有一定的共通性，对北极冰川融化的研究和知识积累也可适用于喜马拉雅地区。

第二，北极海上通道面临各种传统和非传统安全威胁，需要域内外国家合作应对，中印在这一领域也有发挥作用的空间。传统安全主要指北极地区的军事化，旨在解决有争议的专属经济区纠纷。非传统安全合作主要涉及海上交通、自然灾害、流行性传染病等。中印两国均与俄罗斯有较密切的外交关系，均希望看到北极地区保持和平与稳定而不希望看到激烈的冲突，在保持北极战略稳定上有共同语言。北极通航条件恶劣，搜救基础设施匮乏，海洋生物迁移时间改变，海洋运输量持续增加，都会加大海运意外事故发生的可能性，[①]对中印海上利益构成潜在的威胁。因此，两国可以进行合作共同为维护海上战略通道安全提供可靠保障。

第三，中印在北极治理问题上有很大合作空间。北极问题是域内外国家面临的共同威胁，参与北极治理应具有全球视野，不能完全局限于狭隘的国家利益。对中印来说，气候变化治理是极为重要的议题，两国在北极开展合作有利于提升全球气候变化治理水平。此外，环境保护、资源开发与利用、原住民社群经济社会发展等都是中印北极合作的题中应有之义。

第四，中印北极合作可为"冰上丝绸之路"的多边合作创造机会，进一步推动"一带一路"建设。目前，"冰上丝绸之路"仍以中俄共建的双边合作机制为主。"冰上丝绸之路"秉承"共商共建共享"的原则，需要多方参与。印度和中国均与俄罗斯就北极能源开发利用进行了深入的双边合作。如果中印能建立共识，就可考虑将来把印俄和中俄的北极能源双边合作纳入"冰

---

① 梁甲瑞：《中印在北极地区的海洋战略博弈》，《南亚研究季刊》，2019 年第 2 期，第 30—31 页。

上丝绸之路"机制,构建中印俄三边合作。此举不但有助于拓展"冰上丝绸之路",扩大其影响,也有利于协调多方参与北极治理,促进整个北极地区的繁荣与稳定。同时,中印北极合作也有利于加深印度对"一带一路"倡议的理解,增进战略互信,争取印度参与"一带一路"合作,巩固并发展中印关系。

需要补充的是,中国还可以充分利用北极理事会观察员国身份,与印度加强沟通协调,密切协作,推动双方在北极事务上的合作,同时也增强双方在北极治理中的影响力。因北极国家严格限制观察员国权利,中印在北极理事会的话语权和知情权均相当有限。两国如能在北极理事会框架下共同发声,在北极气候、环境治理、原住民发展、航道建设和科学研究等方面协调立场,中印两国的利益诉求就能得到更充分的表达,也有条件得到北极国家的更大重视。这也会有助于加强非北极国家和北极国家间的对话与交流。中印还可以在北极规则的制定和适用上发挥作用,两国可协调立场,共同推动建立公平公正合理的北极秩序,维护非北极国家的正当权益,促使北极理事会朝更加开放、更为多元的方向发展,帮助更多国家以观察员国身份参与北极事务,为解决北极问题贡献力量。

# 小结

在全球气候变暖和北极海冰融化的影响下,北极环境发生了巨大的变化,北极地区也日益成为国际政治关注的焦点。这些变化使北极与全球体系的联系越来越紧密,还让北极的海上运输、自然资源开采、探险旅游等人类活动的实现成为可能。北极的地缘政治形势也出现了一些新变化和新动向,围绕北极资源分配、领土海洋权益争夺等问题,各国激烈博弈。进入21世纪,印度也不甘落后,加速向北极地区迈进。

作为一个远离北极的南亚国家,印度高调宣示本国利益,积极参与北极事务。印度北极参与的目的在于维护自身在北极地区的国家利益。印度的北极参与最初集中于科学探索方面,随着参与的深入,印度的关注点已更多地转移到经济、政治和战略利益上。印度的北极参与起步较晚,但印度凭借自身努力已在短期内取得了一系列成就,在科研领域成就尤为显著。科学外交有效提高了在北极事务中的话语权,也为印度的北极政策实践奠定了坚实基础。展望未来,科研仍将在很长一段时间内成为印度北极参与的重点。值得注意的是,尽管如此,经济与地缘政治考量也是印度扩大北极参与的重要推动因素。但地理上的距离和有限的能力使印度无法确保其北极利益得到全面实现,迫使其谋求与北极国家加强合作,尤其重视与俄罗斯的能源合作,因为这关乎印度的能源安全和未来战略。

但印度的北极参与也存在一些问题。首先,印度进行北极活动已有十余年,但至今仍未出台官方的北极政策或北极战略文件。由于没有人战略来为印度的北极政策提供方向性指导,印度北极话语与政策经常出现前后不一致的现象,很多政策立场都有较大的不确定性。其次,印度尽管在北极科研上取得了不少成果,但缺乏先进的科研设备和独立的研究方向,总体上严重依赖俄罗斯和挪威。此外,印度也未能在北极治理中发挥实质性作用。当前,印度主要借助科研考察、与北极国家合作开发资源和在北极理事会平台上增加其北极影响力,但总体成效仍较为有限。可以说,印度的北极参与仍处于初级阶段。印度未来必须处理好一系列问题,才能在北极事务中最有效地实现自己的利益诉求。

中印互为邻国,又同为非北极国家,在北极事务中的角色地位相似,全面把握和深入了解印度的北极政策,可为中国的北极政策提供借鉴,也可为中印的北极合作寻找契机。在涉及气候变化、极地冰川融化(包括被印度视为"第三极"的喜马拉雅地区的冰雪融化)和北极治理等问题上,双方具有诸多共同利益,开展合作的空间较大。部分印度学者和媒体关于中印北极博弈的论调并不能代表官方的立场,中印在北极问题上没有根本的利益冲突。双方应摒弃传统的零和思维,在北极问题上积极寻求合作,推动北极双边或多边合作。中印等非北极国家在北极事务中的声音仍十分屡弱,北极事务的话语权仍由域内国家主导。在北极理事会这一框架内,中印有足够的空间可以开展合作,以增强非北极国家在北极治理中的声音。此外,通过北极合作,中印双方可增强战略互信,最终助力于两国关系的改善。

# 结论：比较印度在印度洋和北极地区的海洋政策

印度参与印度洋和北极事务既具有共同点,也有不同点。从共性当中可以探索印度海洋政策的一般逻辑。而从不同点之中又可探索印度针对不同海域的差异化政策。通过这一比较,可以更深入地认识印度的海洋政策。最后,中国也是印度洋和北极地区的利益攸关方,正在扩大在这两个地区海洋事务中的影响力,中印如何处理在印度洋和北极地区的关系,是影响地区局势的关键因素之一。

# 一、海洋治理——建设海洋大国的印度道路

当今时代的海洋安全有两个显著特征:首先,国家的海洋利益"全球化"。传统的海洋安全局限于传统安全和保卫国家海洋边界。建设全球海权以保卫国家的海洋贸易是极少数列强的专有特权。对绝大多数国家而言,地球另一端的海洋是否安定与自身的国家安全很少有关联性,这正是印度著名海权思想家 K. M. 潘尼伽在 1951 年提出"钢圈理论"的时代背景。[①]在当今时代,全球化和世界经济对海运的依赖极大地扩展了国家的海洋安全边界。经济全球化促使全球大多数国家卷入世界经济体系,许多国家的经济安全有赖于国际贸易。即使在受到新冠肺炎疫情影响的 2021 年,海运占国际贸易比例仍达到 86%,比 2020 年提高了一个百分点。[②]在能源领域,全球油气资源高度集中于北极、北海、墨西哥湾和海湾地区,而油气消费却是

---

① 潘尼伽在《印度和印度洋——略论海权对印度历史的影响》中提出,印度需在印度洋关键出入口布置一系列海军基地,打造环绕印度的"海上钢圈",如此印度可高枕无忧。这一理论的基础在于,印度洋以外的海洋利益对印度国家安全影响甚微,显然不符合当今时代特征。参见 [印 ]K. M. 潘尼伽,《印度和印度洋:略论海洋对印度历史的影响》,德隆、望蜀译,世界知识出版社,1965 年版,第 9、10 页。

② 《2020 年中国海运进出口量 34.6 亿吨 占全球海运贸易量的 30%》,人民资讯,2021 年 7 月 13 日,https://baijiahao.baidu.com/s?id=1705139076629336166&wfr=spider&for=pc。

全球性的,尤其集中于欧洲、北美、东亚、东南亚和南亚。这种生产和消费的空间错位导致全球大部分石油消费都有赖于油轮运输。[①]可以毫不夸张地说,海运是国际经济运转和能源运输的大动脉。海洋运输对许多国家如此重要,以至于泰国、丹麦、巴西、新西兰等距离遥远的中小国家也派遣舰艇前往亚丁湾打击海盗。这些国家的安全行动表明,国家对海洋安全的关切已不仅限于海上边界或邻近海域,而是扩展到与其国际贸易和能源供应有关的国际航线。

其次,海洋威胁在某种程度上也呈现出全球化特征。海盗、海上恐怖主义、非法捕鱼、海洋污染等安全问题具有显著的跨国特征,这些非法活动不仅跨越海上边界,其所导致的后果也会影响到多个国家。以几内亚湾海盗为例,2010 年以前,几内亚湾海盗活动范围一般不超过离岸 30 海里范围,近年则扩展到离岸 200 海里范围,远远超出沿岸各国的领海边界。且该地海盗活动专门针对域外国家。2019 年初,一艘悬挂巴拿马国旗的集装箱运输船在几内亚湾贝宁海域突遭海盗袭击。有媒体报道称,遇袭时该船上载有 26 人,其中 2 人为格鲁吉亚公民,4 人为乌克兰公民,20 人为俄罗斯公民。2019 年底,一艘中国渔船遇到袭击,4 名船员遭劫持。为应对海盗威胁,不仅沿岸国家建立了跨区域海洋协调中心,域外国家如中国、美国和欧盟成员国均与几内亚湾沿岸国开展海洋安全合作。[②]此外,某些海上恐怖活动虽然局限于特定区域,但背后的支持力量却来自域外组织或国家。据英国海军中将约翰斯通透露,"伊斯兰国"曾计划在利比亚海岸发动恐怖袭击。[③]考虑到"伊斯兰国"本身就代表着错综复杂的国际恐怖主义网络,若其计划得到成功实施,势必导致诸多国家和组织牵涉其中。

海洋安全利益的"全球化"和海洋威胁的"区域化"使当今时代的海洋安全在很大程度上也被"全球化"了。应对领海范围内和公海的海洋安全威胁不仅涉及当事国和区域国家,也涉及诸多域外国家。需要指出的是,不

---

① 《全球主要海上石油运输要道及运量分析》,中国石油,2018 年 4 月 18 日,http://center.cnpc.com.cn/bk/system/2018/04/18/001687388.shtml。

② 参见孙红:《打击几内亚湾海盗 可以成为大国合作的新亮点》,《世界知识》2019 年第 4 期,第 44—45 页。张春、张紫彤:《几内亚湾海盗的长期转型趋势》,云南大学非洲研究中心,2021 年 1 月 8 日,http://www.cas.ynu.edu.cn/info/1027/1862.htm。

③ 《英媒:"伊斯兰国"组织计划制造海上恐袭》,环球网,2016 年 1 月 29 日,https://world.huanqiu.com/article/9CaKrnJTynj。

仅大国可能担心远离本国海域的安全问题，那些被认为在海上只有有限利益的中小国家也可能与万里之外的海洋问题产生联系。中小国家的海洋利益主要集中在邻近海域，但这一点并不是绝对的。全球变暖所带来的北极冰层融化可能导致南亚季风发生变化，已经引发南亚多国担忧，而 2004 年发生在苏门答腊岛海域的海底地震引发的巨大海啸，甚至给非洲东海岸国家造成伤亡。

上述局面给大国扩张海上影响力创造了机遇。首先，大国通常具有广泛的海外利益，这为大国在海外部署军事力量或以其他方式参与海洋事务提供了合法性。这种合法性不仅有利于使该国的海外行动得到其他国家理解，而且有利于团结国内各政治流派，为海外行动提供坚定的内部支持。其次，由于海洋威胁的跨国性，沿海国家难以单独应对。为了尽可能确保国家利益不受损害，一些国家可能主动邀请大国提供各类援助，或乐见大国积极参与海洋事务，以更有效地应对威胁。不过，域内外国家对大国的参与持谨慎态度也是较为常见的情况。如某国的海洋参与牵涉到地缘政治问题，该国有可能被其他国家视为安全威胁，从而引发对该国参与海洋事务的抵制。因此，集中力量于海洋治理和提供公共安全产品，有利于争取到尽可能多的认同，是大国快速而有效地扩张海洋影响力的重要方式。

海洋对印度的重要性前文已做探讨，在此不再赘述。作为新兴大国，在向海洋扩张的过程中，印度面临缺乏基础、能力有限等问题。同时，近年来印度陆地边境形势出现新一轮紧张，有可能导致财政预算进一步向边防和其他陆上活动倾斜，损害印度参与海洋事务的能力。面临如此多的约束条件，如何选择参与途径就成为印度有效扩大海上影响力的关键。比较印度在印度洋和北极地区的海洋活动，积极参与海洋治理正是其共性所在。

印度与印度洋国家开展海洋安全合作由来已久。斯里兰卡内战期间，印度在保克海峡部署海军和海岸警卫队，打击"猛虎"组织的海上力量，切断"猛虎"组织与印度泰米尔纳德邦之间的联系。1988 年，马尔代夫发生政变，印度通过空中和海上行动相结合的方式迅速平定叛乱。这次行动得到了美英等国的认同，可以说初步检验了印度维护南亚地区安全的能力。

21 世纪以来，随着海军能力的增强，印度逐渐开始谋求与印度洋域内外国家开展海洋安全合作。第一，印度加强了与美英法等域外大国的安全合作。2006 年，美印两国签署《美印海洋安全合作框架》。2010 年，美国进一步提出支持印度担当印度洋地区的"净安全提供者",这一概念很快成为印度参与印度洋安全事务的自我定位。此外,印度与法英两国分别开展"伐楼拿"与"康坎"联合演习。加强与大国的合作不仅提升了双边关系,考虑到美英法在印度洋地区事务中的影响力,这类合作也提升了印度的区域地位,推动印度进一步参与区域海洋安全治理。第二,印度进一步延续并加强与印度洋友好国家的海洋安全合作,如阿曼、塞舌尔、马尔代夫、斯里兰卡等国,并利用这种关系部署了一系列海外情报设施。第三,印度利用海洋安全治理为突破口,促进了印度与海湾阿拉伯国家和东南亚国家的关系。在海湾地区,印度提升双边关系的努力削弱了沙特与巴基斯坦的双边关系,从而打击了巴基斯坦。在东南亚地区,印度通过在南中国海地区展示存在性,被区域国家视为平衡中国力量的选项之一。第四,印度积极推动印度洋海军论坛、环印度洋联盟、印斯马三边安全机制等区域和次区域多边机制发展,凭借其在印度洋地区首屈一指的综合实力在机制运行中发挥领导作用,进而提升在印度洋地区的领导地位。通过积极参与区域海洋安全治理为印度洋地区提供公共安全产品,印度得以有效扩大海洋影响力。正如大卫·布鲁斯特所总结的:"印度精英相信印度将通过展示温和而有原则的领导能力在印度洋获得主导性的战略角色,这种领导力包括组织友好国家以及提供公共安全产品,自冷战结束以来,印度在整个印度洋地区都在利用这种领导力模式发展安全关系。"[1]

　　印度与北极地区分居欧亚大陆南北,海上联系需要绕过半个欧亚大陆,距离极其遥远。在北极理事会十三个观察员国当中,印度与北极的海上距离最为遥远,是极个别非近北极国家之一。[2]尽管陆地距离相对较近,但由于印度通往北极的陆地通道开发程度较低,基础设施建设和跨区域联系均较为薄弱,难以为印度与北极地区建立联系通道。尽管如此,印度仍努力识别在北极地区的国家利益,寻找自身的北极身份。对印度而言,北极地区具有丰富的科研价值和能源价值,印度由此将自身视为北极利益攸关方,通过

---

　　[1]　[澳]大卫·布鲁斯特著,杜幼康、毛悦译:《印度之洋——印度谋求地区领导权的真相》,社会科学文献出版社,2016年版,第283页。

　　[2]　北极理事会观察员国包括法国、德国、意大利、日本、荷兰、波兰、中国、印度、新加坡、韩国、西班牙、瑞士、英国。参见 https://arctic-council.org/about/observers/non-arctic-states/。

与域内国家开展能源和科研合作来积极参与北极事务。印度部分学者和舆论认为印度在北极地区有地缘政治利益，无论这样的看法是否得到印度政府认可，从实践上来看，印度当前显然没有在北极地区追求地缘政治利益的能力和行动方案，积极融入北极地区治理体系仍是印度当前的主要参与途径。通过在北极地区独立或合作开展科学研究、加强与俄罗斯和加拿大的能源合作、就北极事务发出"印度声音"，以及加强与北极国家的双边关系，印度试图树立利益攸关者和负责任大国形象，使区域国家接纳其作为北极共同体的一员。2013 年，在北极理事会基律纳部长级会议上，印度正式成为观察员国，这可被视为其北极政策的阶段性胜利。

海洋安全的"全球化"与印度历史性崛起的重合，为印度扩大在其他海域的参与提供了动力和合法性。由于印度的海外扩展面临诸多限制性条件，以及非传统安全威胁构成当前全球海洋威胁的主体，印度选择积极参与区域海洋治理，谋求扩大其在印度洋和北极的影响力。这一政策目前已取得一定的成功。然而印度政策的长处还不止于此，同时也并非无可指摘，对此只有通过比较印度在印度洋和北极地区海洋治理政策的差异才有望获得全面认识。

# 二、印度在印度洋和北极地区<br>海洋治理政策的差异

从地理和安全上看，世界上没有绝对孤立的海洋。因此，海洋大国只有全方位参与全球各海域事务，才能最大限度地维护其海洋利益。但对任何具体国家而言，不同海域显然具有不同的重要性，一般而言，邻近海域的战略意义必然超过其他海域。就印度洋和北极而言，印度洋对印度的战略意义远超北极几乎是不言自明的真理。因此，印度对这两个地区的海洋政策也有显著差异。

第一，印度洋和北极在印度海洋战略中的定位不同。印度洋不仅是印度国家安全的保证，也是印度建设全球海洋大国的基础。印度前海军参谋长苏里什·梅塔甚至表示，安全与稳定的外部环境将使印度获得在国际社

会中的"应有位置"（rightful place）并实现其"昭昭天命"（manifest desti-
ny）。[①]"昭昭天命"这一概念最初被美国用于为其扩张行为提供合法性,结
合印度军政领导人在其他场合发表的各类关于追求印度大国地位的讲话,
可以想象,印度海军参谋长借用这一概念实际上相当于明示全球大国是印
度的"天命",而印度洋的安全和稳定是印度大国地位的基础。相较于印度
洋,印度在北极地区的利益较为有限。在能源方面,印度大部分油气资源来
自海湾地区,在北极地区的能源利益有限,且存在一定可替代性。在地缘政
治方面,尽管一些印度舆论认为北极是印度遏制中国的新战场,但由于印度
实力有限、中国的政策意愿以及区域政治环境的影响,这种前景在可预见的
将来仍难以实现。在极地科研和海洋装备方面,印度能力颇为有限,难以对
整体环境产生较大影响,且在极地科研领域还可以"搭便车"。正因如此,在
印度于 2007 年和 2015 年所发布的海洋战略文件中只字未提北极地区,其
使用的海洋概念很大程度上指的就是印度洋。[②]

　　第二,战略地位的差异导致印度自我认同的差异。在印度洋地区,印度
将自身定位为地区"领导者"。尽管由于实力限制和安全环境的影响,印度
需要通过与区域国家或在印度洋发挥影响力的大国合作塑造地区态势,但
在印度的战略中,这类合作应当以印度为主、为印度所用。在与印度洋域内
国家的双边或小多边关系中,印度积极塑造"净安全提供者"形象。在印度
洋地区安全治理机制中,印度通过积极参与为机制注入活力,同时谋求主导
机制议程。通过上述措施,印度试图使区域国家承认其印度洋领导者身份。
在印度的战略话语中,印度洋领导权是排他性概念,所谓"印度人的印度洋"
这一说辞表明,印度认为它是唯一具备担任地区领导者合法性的国家。正
是由于这一战略逻辑,印度一方面与大国在印度洋安全治理领域开展合作,
另一方面也伺机排斥大国的影响力。在北极地区,印度公开主张,北极地区
是"全球公地",地区治理机制需要容纳全球所有利益相关方,印度是其中不

---

① *Freedom to Use the Seas: India's Maritime Military Strategy*, Integrated Headquar-
ters, Ministry of Defence (Navy), 2007, p. iii.

② 分别是 *Freedom to Use the Seas: India's Maritime Military Strategy*、*Ensuring Se-
cure Seas: Indian Maritime Security Strategy*。

可或缺的一部分。[①]但在实践中，由于北极国家以域外国家承认北极国家的主权主张为参加北极理事会的先决条件，印度为参加北极理事会而在事实上默认了北极国家的要求。这一低姿态表明了两点：首先，印度渴望参与北极事务；其次，印度仅为北极事务中的一般性参与方，并无任何特殊影响力。

第三，在具体政策方面，印度参与北极事务着眼点在于具体的利益，环境、科研和能源合作构成了当前印度参与北极事务的主体；而在印度洋地区，印度对区域安全治理的参与不仅着眼于具体的安全利益，更着眼于安全以外的利益，如对抗域外大国、建立全区域"净安全提供者"的身份认同、谋取其他国家对印度大国地位的支持等。这些利益诉求之间往往潜藏着矛盾，例如，一些域内国家已经或试图与域外大国建立政治和军事联系，这种情况显然非印度所乐见，但如若向该国施压，就有可能破坏印度与该国的双边关系。过于广泛的利益诉求使印度海洋政策产生了几点颇具"印度特色"的矛盾。首先，印度的政策声明往往颇为强硬，但政策实践却温和得多。如英迪拉·甘地曾明确表示，未经印度允许，南亚国家不能向域外国家寻求帮助，但孟加拉国向中国采购水面舰艇和潜艇并未影响印度在印孟海洋边界问题上让步。其次，尽管印度海军号称印度洋域内第一大海上力量，但这主要是因为印度洋地区缺乏大国，就绝对实力而言，印度海军实力很难与其全区域的"净安全提供者"身份相匹配。截至 2020—2021 财年，印度海军仅拥有 24 艘可遂行远洋任务的大中型驱逐舰和护卫舰。[②]考虑到舰艇性能，印度海军大中型驱逐舰和护卫舰实力落后于英法日等海上强国，数量仅相当于澳大利亚海军的两倍，且印度海军还需面对巴基斯坦的挑战。单从数量来看，印度海军要维护整个印度洋海域安全的确存在一定的困难。但既然自认为是印度洋地区的"净安全提供者"，印度海军就势必要在印度洋全部海域彰显存在。随着 2021 年 3 月 24 日印度海军与马达加斯加海军在马达加斯加专属经济区开展联合巡逻，[③]印度海军的常态化巡逻任务已延伸到印度洋全部

---

① Government of Ministry of External Affairs, India, "India and the Arctic," June 10, 2013, http://www.mea.gov.in/in-focus-article.htm?21812/India+and+the+Arctic.

② 尽管印度海军还装备有航空母舰和规模较大的潜艇部队，以及二十三艘小型护卫舰，但航母和潜艇一般不用于应对非传统威胁，小型护卫舰则难以长期执行远海任务，故在此不做考虑。

③ "Indo-Pacific outreach: India conducts maiden joint naval patrolling with Madagascar," *The Economic Times*, Mar. 25, 2021.

海域。"广撒网"的后果之一是,印度海军在印度洋大多数海域的存在象征意义更多,实质性意义有限。塞舌尔和毛里求斯是与印度在海洋安全领域合作最密切的两个国家,尽管印度海军从 2003 年开始在塞舌尔和毛里求斯专属经济区开展常态化联合巡逻,但每年仅巡逻两次,单次任务时间通常不超过半个月,且时间基本固定在 3 月和 10 月前后,与多国在亚丁湾不间断巡航相去甚远。比较而言,印度对印度洋地区安全治理的参与有贪大求全之弊,取得一定成就的同时,也引起了一些问题。而在北极地区,印度对海洋治理的参与没有包袱,政策着眼点集中于特定利益,在成本－收益问题上有望实现更好的效率。

# 三、印度海洋政策对构建中印海洋关系的启示

　　中印同为新兴区域海权强国。21 世纪以来,中国海军发展迅速。在常规力量方面,中国海军已成为世界第二大海上力量,且通过护航行动在印度洋建立了常态化存在。印度海军是印度洋区域内国家中的第一大海上力量,通过与友好国家合作,印度海军的活动范围已扩展到西太平洋。两国海上力量同时崛起,海上活动空间存在重叠,使得一些印度舆论认为中印将在海上面临难以避免的竞争。如阿比季特·辛格(Abhijit Singh)认为,中国在印度洋的活动挤压了印度的战略空间,印度必须加以反制。[1]前印度海军参谋长阿伦·普拉卡什(Arun Prakash)也认为,无论实力多么不对称,中印都将在亚洲战略空间内保持竞争,他建议印度必须尽快在海上实力方面追赶中国。[2]这类观点从地缘政治出发,过于关注中印两国在海洋上的竞争,虽不无启发,却也表现出较为明显的简单化倾向。其实,从非传统威胁角度来看,中印两国在海上也存在较大的共同利益与合作潜力。

　　中印两国经济均高度依赖海运所提供的贸易和能源。2019 年,中国的

---

　　①　Abhijit Singh, "Sino-Indian Dynamics in Littoral Asia – The View from New Delhi," *Strategic Analysis*, Vol. 43, No. 3.

　　②　Arun Prakash, "China has become a maritime power. It's time India caught up," Southasian Monitor, Jun 24, 2021, https://southasianmonitor.net/en/india/china-has-become-a-maritime-power-its-time-india-caught-up.

海洋经济规模达到 8.9 万亿人民币，对国民经济增长的贡献率达到 9.1%。海运出口贸易总额为 16601 亿美元，约占全年出口总额的 66%。[①]印度经济对海洋的依赖前文已有讨论，在此不再赘述。两国对海洋的依赖存在一定共性，其中最为显著的是两国均高度依赖通过印度洋运输商品和能源，均视印度洋航线为经济生命线。为维护印度洋地区的和平与稳定，应对海洋非传统安全威胁，中国正积极参与印度洋地区安全治理，而印度是当前印度洋安全治理最为活跃的参与方。中印两国共同参与了印度洋地区多个安全治理机制，也在一些领域共同促进海洋安全。为打击索马里海盗，自 2008 年起，中印两国海军均开始在亚丁湾海域建立常态化巡逻制度并持续至今。印度是印度洋海军论坛领袖，而中国在 2014 年成为印度洋海军论坛观察员，并在 2017 年首次参加印度洋海军论坛机制下的联合演习。[②]中印还共同参与了环印度洋联盟、"信息共享与防止冲突"协调机制、亚洲地区反海盗和武装劫船合作机制、区域综合多重危险早期预警系统（Regional Integrated Multi-Hazard Early Warning System）等区域合作机制。

中印两国分别于 2018 年和 2013 年发布各自的北极政策文件，中方文件名为《中国的北极政策》，印方文件名为《印度与北极》（*India and The Arctic*）。从两份文件来看，中印两国均自认为是北极地区的利益攸关方，均高度关注北极地区的气候变化、自然环境、生态环境、能源、冰层融化、商业开发、科学研究以及建立公正合理的北极治理机制等问题。两国均按照国际法视北极为全球公地，强调北极治理应囊括所有利益相关方。为实现上述目的，中印两国都通过各种方式为北极治理做出了重要贡献。在治理机制方面，两国于 2013 年一道加入北极理事会，成为理事会正式观察员国。在科学研究方面，中国于 1996 年加入国际北极科学委员会。从 1999 年起，中国以"雪龙"号科考船为平台，成功进行了多次北极科学考察。2004 年，中国在斯匹次卑尔根群岛的新奥尔松地区建成黄河站。借助船站平台，中国在北极地区逐步建立起海洋、冰雪、大气、生物、地质等多学科观测体系。2008 年，印度在新奥尔松建立该国第一个永久性北极科考站，2012 年，印度

---

① 《中国海洋经济发展报告 2020》，自然资源部，http://www.gov.cn/xinwe n/2020-12/12/content_5569030.htm。

② 《中国舰艇首赴印度洋海军论坛 专家：合作是大趋势》，海外网，2017 年 11 月 29 日，https://baijiahao.baidu.com/s?id=1585358232374701903&wfr=spider&for=pc。

加入国际北极科学委员会。2014年10月,印度内阁经济事务委员会(CCEA)批准了地球科学部购买极地考察船的申请。在能源方面,中国能源企业已参与一些北极地区的能源与矿产开发项目:中国海洋石油集团有限公司等企业参与了巴伦支海、扬马延岛附近海域的勘探活动,中国石油天然气集团有限公司在俄罗斯亚马尔半岛进行能源投资。[①]印度通过收购俄罗斯石油、天然气公司的股份,利用海外投资等方式进入油气产业的上游,参与俄罗斯北极地区油气资源的勘探、开采以及随后的成品油销售。印度还与俄罗斯政府合作,参与北极大陆架碳氢资源开发。

总而言之,中印两国在印度洋和北极有大量共同利益。两国均参与地区主要治理机制,并在海洋治理领域以类似的方式发挥积极作用。如若双方能摒弃成见,在印度洋和北极海洋治理领域可开展密切合作,将极大有利于促进双方实现广泛的共同利益。

---

① 陈思静:《北极能源共同开发:特点、现状与中国的参与》,《资源开发与市场》,2018年第8期。

参考文献

# 中文文献

## 专著

1. [美] 阿尔弗雷德·塞耶·马汉:《海权对历史的影响》,安常荣、成忠勤译,北京:解放军出版社,2006 年版。

2. [澳] 大卫·布鲁斯特:《印度之洋:印度谋求地区领导权的真相》,杜幼康、毛悦译,北京:社会科学文献出版社,2016 年版。

3. [英] 杰弗里·蒂尔:《21 世纪海权指南》,帅小芹译,上海:上海人民出版社,2013 年版。

4. [美] 罗伯特·卡普兰:《季风 印度洋与美国权力的未来》,吴兆礼、毛悦译,北京:社会科学文献出版社,2013 年版。

5. [美] 罗伯特·基欧汉:《霸权之后——世界政治经济中的合作与纷争》,苏长和、信强、何曜译,上海:上海人民出版社,2001 年版。

6. [印] 拉贾·莫汉:《中印海洋大战略》,朱宪超、张玉梅译,北京:中国民主法制出版社,2014 年版。

7. [印] 拉贾·莫汉:《莫迪的世界》,朱翠萍、杨怡爽译,北京:社会科学文献出版社,2016 年版。

8. [印] 潘尼迦:《印度和印度洋:略论海权对印度历史的影响》,德隆、忘蜀译,北京:世界知识出版社,1965 年版。

9. [美] 詹姆斯·R. 福尔摩斯、[美] 吉原恒淑、[美] 安珠·C. 温特:《印度二十一世纪海军战略》,鞠海龙译,北京:人民出版社,2016 年版。

10. 薛桂芳:《澳大利亚海洋战略研究》,北京:时事出版社 2016 年版。

11. 陆俊元:《北极地缘政治与中国应对》,北京:时事出版社,2010 年版。

12. 杨剑:《北极治理新论》,北京:时事出版社,2014 年版。

13. 郭培清等著:《北极航道的国际问题研究》,北京:海洋出版社,2009年版。

14. 余潇枫:《非传统安全概论》,北京:北京大学出版社,2015年版。

15. 中国现代国际关系研究院海上通道安全课题组:《海上通道安全与国际合作》,北京:时事出版社,2005年版。

16. 宋德星:《印度海洋战略研究》,北京:时事出版社,2016年版。

17. 张文木:《论中国海权》,北京:海洋出版社,2009年版。

18. 张文木:《印度与印度洋——基于中国地缘政治视角》,北京:中国社会科学出版社,2015年版。


## 编著

1. 北极问题研究编写组:《北极问题研究》,北京:海洋出版社,2011年版。

2. 刘惠荣等编:《北极地区发展报告(2014)》,北京:社会科学文献出版社,2015年版。

3. 杨剑等编:《亚洲国家与北极未来》,北京:时事出版社,2015年版。

4. 车福德编:《经略北极:大国新战场》,北京:航空工业出版社,2016年版。

5. 汪戎、朱翠萍、万广华:《印度洋地区发展报告(2014):印度洋地区国际关系》,北京:社会科学文献出版社,2014年版。

6. 汪戎、朱翠萍、万广华:《印度洋地区发展报告(2016):莫迪的印度》,北京:社会科学文献出版社,2016年版。


## 期刊论文

1.《印度寻求进口俄北极天然气》,《国外测井技术》,2013年第3期。

2. Nadezhda Filimonova、Svetlana Krivokhizh、宋晗:《亚洲国家怎样以他们的方式进入北极?》,《船舶工程》,2014年第11期。

3. 程保志:《当前北极治理的三大矛盾及中国应对》,《当代世界》,2012年第12期。

4. 程晓勇:《国际气候治理规范的演进与传播:以印度为案例》,《南亚研究季刊》,2012年第2期。

5. 付云清:《加拿大北极政策转变:表现、动因与挑战》,《国际研究参考》,2020年第12期。

6. 葛勇平:《"人类共同遗产原则"与北极治理的法律路径》,《社会科学辑刊》,2018年第5期。

7. 郭楠蓉、胡麦秀:《北极航道利益研究综述》,《海洋开发与管理》,2018年第10期。

8. 郭培清、董利民:《美国的北极战略》,《美国研究》,2015年,第6期。

9. 郭培清、董利民:《印度的北极政策及中印北极关系》,《国际论坛》,2014年第5期。

10. 郭培清、孙凯:《北极理事会的"努克标准"和中国的北极参与之路》,《世界经济与政治》,2013年第12期。

11. 郭培清:《印度南极政策的变迁》,《南亚研究季刊》,2007年第2期。

12. 姜胤安:《北极安全形势透析:动因、趋向与中国应对》,《边界与海洋研究》,2020年第6期。

13. 匡增军、欧开飞:《北极:金砖国家合作治理新疆域》,《广西大学学报(哲学社会科学版)》,2018年第1期。

14. 劳承玉、张序:《中印实施碳减排的政策与机制比较》,《南亚研究季刊》,2019年第2期。

15. 李振福、刘同超:《北极航线地缘安全格局演变研究》,《国际安全研究》,2015年第6期。

16. 李振福:《世界的大脑:北极地缘政治地位的新定位》,《通化师范学院学报》,2017年第9期。

17. 梁甲瑞:《中印在北极地区的海洋战略博弈》,《南亚研究季刊》,2019年第2期。

18. 刘磊:《莫迪执政以来印度海洋安全战略的观念与实践》,《国际安全研究》,2018年第5期。

19. 潘正祥、郑路:《北极地区的战略价值与中国国家利益研究》,《江淮论坛》,2013 年第 2 期。

20. 阮建平、王哲:《北极治理体系:问题与改革探析——基于"利益攸关者"理念的视角》,《河北学刊》,2018 年第 1 期。

21. 阮建平:《北极治理变革与中国的参与选择——基于"利益攸关者"理念的思考》,《人民论坛·学术前沿》,2017 年第 19 期。

22. 时宏远:《试析印度的北极政策》,《南亚研究季刊》,2017 年第 3 期。

23. 宋国栋:《印度北极事务论》,《学术探索》,2016 年第 6 期。

24. 孙凯、杨松霖:《奥巴马第二任期美国北极政策的调整及其影响》,《太平洋学报》,2016 年第 12 期。

25. 孙凯、张瑜:《对北极治理几个关键问题的理性思考》,《中国海洋大学学报(社会科学版)》,2016 年第 3 期。

26. 唐国强:《北极问题与中国的政策》,《国际问题研究》,2013 年第 1 期。

27. 王晨光:《中国"北极伙伴关系":现实考量与建设构想》,《中国海洋大学学报(社会科学版)》,2018 年第 5 期。

28. 王丛丛:《美国北极政策军事化及其影响》,《战略决策研究》,2021 年第 2 期。

29. 王淑玲、姜重昕、金玺:《北极的战略意义及油气资源开发》,《中国矿业》,2018 年第 1 期。

30. 吴迪:《北极地区 200 海里外大陆架划界法律问题研究》,《极地研究》,2011 年第 3 期。

31. 肖洋:《北极科学合作:制度歧视与垄断生成》,《国际论坛》,2019 年第 1 期。

32. 叶江:《试论北极事务中地缘政治理论与治理理论的双重影响》,《国际关系观察》,2013 年第 2 期。

33. 叶静:《加拿大北极争端的历史、现状与前景》,《武汉大学学报(人文科学版)》,2013 年第 2 期。

34. 张胜军、郑晓雯:《从国家主义到全球主义:北极治理的理论焦点与实践路径探析》,《国际论坛》,2019 年第 4 期。

35. 张帅、任欣霖:《印度能源外交的现状与特点》,《国际石油经济》,2018 年第 3 期。

36. 章成:《北极地区 200 海里外大陆架划界形势及其法律问题》,《上海

交通大学学报 ( 哲学社会科学版 )》,2018 年第 6 期。

37. 章成:《北极治理的全球化背景与中国参与策略研究》,《中国软科学》,2019 年第 12 期。

38. 郑雷:《北极航道沿海国对航行自由问题的处理与启示》,《国际问题研究》,2016 年第 6 期。

39. 郑英琴:《体系融入模式:印度参与南极国际治理的路径及启示》,《国际关系研究》,2016 年第 5 期。

40. 卞秀瑜:《新时期印度海权战略的确立及其思想根源》,《东南亚纵横》,2013 年第 6 期。

41. 陈邦瑜:《莫迪政府海洋外交述评( 2014—2015 )》,《印度洋经济体研究》,2016 年第 1 期。

42. 程晓勇:《论印度对外干预——以印度介入斯里兰卡民族冲突为例》,《南亚研究》,2018 年第 2 期。

43. 邓红英:《孟加拉国反印情绪的变化及其影响因素》,《南亚研究》,2016 年第 4 期。

44. 古拉夫·沙玛:《印度在印度洋地区的活动以及与四个沿岸国家的交往:斯里兰卡、马尔代夫、塞舌尔和毛里求斯》,张骐译,《国外社会科学文摘》,2017 年第 2 期。

45. 楼春豪:《战略认知转变与莫迪政府的海洋安全战略》,《外交评论》,2018 年第 5 期。

46. 李家胜:《印度海洋战略成效评估》,《太平洋学报》,2014 年第 4 期。

47. 刘磊:《莫迪执政以来印度海洋安全战略的理念与实践》,《国际安全研究》,2018 年第 5 期。

48. 刘思伟:《印度洋安全治理机制的发展变迁与重构》,《国际安全研究》,2017 年第 5 期。

49. 龙兴春:《印度在南亚的霸权外交》,《成都师范学院学报》,2016 年第 8 期。

50. 刘立涛、张振克:《"萨加尔"战略下印非印度洋地区的海上安全合作探究》,《西亚非洲》,2018 年第 5 期。

51. 马嫚:《试析印度的海洋战略》,《太平洋学报》,2010 年第 6 期。

52. 宋德星、白俊:《论印度的海洋战略传统与现代海洋安全思想》,《世界经济与政治论坛》,2013 年第 1 期。

53. 宋德星、白俊:《"21 世纪之洋"——地缘战略视角下的印度洋》,《南亚研究》,2009 年第 3 期。

54. 宋德星:《新时期印度海洋安全认知逻辑与海洋安全战略》,《印度洋经济体研究》,2014 年第 1 期。

55. 时宏远:《印度的海洋强国梦》,《国际问题研究》,2013 年第 3 期。

56. 石志宏、冯梁:《印度洋海上安全研究综述》,《印度洋经济体研究》,2016 年第 2 期。

57. 石志宏、冯梁:《印度洋地区安全态势与印度洋海军论坛》,《国际安全研究》,2014 年第 5 期。

58. 王娟娟:《亚明政府的内政外交评析》,《南亚研究季刊》,2016 年第 3 期。

59. 许善品:《澳大利亚的印度洋安全战略》,《太平洋学报》,2013 第 9 期。

60. 杨震、董健:《海权视域下的当代印度海军战略与海外军事基地》,《南亚研究季刊》,2016 年第 2 期。

61. 张明忠:《印度与非洲( 1947—2004 )》,《南亚研究》,2005 年第 1 期。

62. 曾祥裕、朱宇凡:《印度海军外交:战略、影响与启示》,《南亚研究季刊》,2015 年第 1 期。

## 报纸文章、网络资料

1. 方明:《北极,军事博弈不断升温》,《解放军报》,2014 年 1 月 13 日,第 8 版。

2. 傅梦孜、陈子楠:《析美国北极战略大转向》,《中国海洋报》,2019 年 8 月 20 日,第 2 版。

3. 李慧:《印度能源合作忙》,《中国能源报》,2010 年 11 月 1 日,第 7 版。

4. 王林:《印度谋求获得俄北极油气区块股份》,《中国能源报》,2012 年 8 月 27 日,第 7 版。

5. 张琪:《俄罗斯、印度互赠新年大礼》,《中国能源报》,2016 年 1 月 4 日,第 2 版。

6. 李禾:《国际海洋法缺陷加剧北极争端》,环球网,2010 年 10 月 13 日,https://world.huanqiu.com/article/9CaKrnJoST5。

7.《拜登签署一系列行政令,包括重新加入巴黎气候协定和世卫组织》,环球网,2021 年 1 月 21 日,https://world.huanqiu.com/article/41bMGc6PzIc。

8.《中国的北极政策》,新华网,2018 年 1 月 26 日,http://www.xinhuanet.com/politics/2018-01/26/c_1122320088_2.htm。

9.《雪龙 2 号,愿你一路破冰前行》,新华网,2018 年 9 月 12 日,http://www.xinhuanet.com/2018-09/12/c_1123415247.htm。

# 英文文献

## 专著

1. Aki Tonami, *Asian Foreign Policy in a Changing Arctic*, London: Palgrave Macmillan, September 7, 2016.

2. Iselin Stensdal, *Asian Arctic Research 2005–2012: Harder, Better, Faster, Stronger*, Norway: Fridtjof Nansen Institute, 2013.

3. Roger Howard, *The Arctic Gold Rush：The New Race for Tomorrow's Natural Resources*, New York: Continuum Publishing Corporation, 2009.

4. Uttam Kumar Sinha, *Climate Change Narratives: Reading the Arctic*, New Delhi: Institute for Defence Studies and Analyses, September 2013.

5. Ajey Lele, *Space and Maritime Security*. New Delhi: National Maritime foundation, 2017.

6. David Scott, *Handbook of India's International Relations*, Routledge, 2011.

7. Vijay Sakhuja, Kapil Narula, *Maritime Safety and Security in the Indian Ocean*. New Delhi: Vij Books India, 2016.

8. Vijay Sakhuja, Kapil Narula, *Partnering Across the Oceans*.New Delhi: National Maritime foundation, 2016.

9. Vijay Sakhuja, Kapil Narula, *Maritime Safety and Security in Indian Ocean*. National Maritime Foundation, 2016.

# 编著

1. Leiv Lunde, Jian Yang, Iselin Stensdal eds., *Asian Countries and the Arctic Future*, Singapore: World Scientific Publishing, October 2015.

2. Uttam Kumar Sinha, Jo Inge Bekkevold eds., *Arctic: Commerce, Governance and Policy*, London: Routledge, 2015.

3. Vijay Sakhuja and Gurpreet S Khurana et al. eds., *Arctic Perspectives*, New Delhi: National Maritime Foundation, 2015.

4. Vijay Sakhuja, Kapil Narula eds., *Asia and the Arctic Narratives, Perspectives and Policies*, Singapore: Springer, 2016.

5. Winkelmann Witschel, Wolfrum Tiroch eds., *New Chances and New Responsibilities in the Arctic Region*, Berlin: Berliner Wissenschafts–Verlag, 2010.

6. Vijay Sakhuja, Gurpreet S Khurana eds., *Maritime Perspectives 2016*. New Delhi: National Maritime Foundation, 2017.

# 期刊论文

1. "Policies and prospects of Indian Polar Research —— Interview of Shri Kapil Sibal, Hon'ble Minister for Science & Technology and Earth Sciences, Government of India," *Indian Journal of Marine Sciences*, Vol. 37, No. 4, 2008.

2. Alexander Engedal Gewelt, "India in the Arctic: Science, Geopolitics and Soft Power," University of Oslo, Spring 2016.

3. Anita Dey, "India in Antarctica: perspectives, programmes and achievements," *Polar Record*, Vol. 27, No. 161, 1991.

4. Anuradha Nayak, "'Himadri' and the Global Politics of Melting Ice: India's Arctic Presence and the March Towards Global Governance," *The Yearbook of Polar Law*, No. 5, 2013.

5. Architesh Panda, "Assessing Vulnerability to Climate Change in India," *Economic and Political Weekly*, Vol. 44, No. 16, 2009.

6. Arvind Gupta, "Geopolitical Implications of Arctic Meltdown," *Strategic Analysis*, Vol. 33, No. 2, 2009.

7. Ashok Sharma, "India and Energy Security," *Asian Affairs*, Vol.38, No.2, 2007.

8. Devikaa Nanda, "India's Arctic Potential," Observer Research Foundation, February 2019.

9. Emmanuelle Quillérou, et al., "The Arctic: Opportunities, Concerns and Challenges," 2015.

10. H.P. Rajan, "The Legal Regime of the Arctic and India's Role and Options," *Strategic Analysis*, Vol. 38, No. 6, November 2014.

11. Jesse Guite Hastings, "The rise of Asia in a changing Arctic: a view from Iceland," *Polar Geography*, Vol. 37, No. 3, 2014.

12. Melissa Renee Pegna, "US Arctic Policy: The need to Ratify a Modified Unclos and Secure a Military Presence in the Arctic," *Journal of Maritime Law &Commerce*, Vol. 44, No. 2, April 2013.

13. Neil Gadihoke, "Arctic Melt: The Outlook for India," *Maritime Affairs: Journal of the National Maritime Foundation of India*, Vol. 8, No. 1, Summer 2012.

14. Nikhil Pareek, "India in a changing Arctic: an appraisal," *European Ecocycles Society*, Vol. 6, No. 1, 2020.

15. Njord Wegge, "China in the Arctic: Interests, Actions and Challenges," *Nordlit*, No. 32, 2014.

16. Olav Schram Stokke, "Asian Stakes and Arctic Governance," *Strategic Analysis*, Vol. 38, No. 6, 2014.

17. P K Guatam, "The Arctic as a Global Common," IDSA Issue Brief, Institute for Defence Studies and Analyses, September 2011.

18. P. Whitney Lackenbauer, "India and the arctic: revisionist aspirations, arctic realities," *Jindal Global Law Review*, Vol. 8, No. 1, 2017.

19. P. Whitney Lackenbauer, "India's Arctic Engagement: Emerging Perspectives," *Arctic Yearbook*, 2013.

20. Peiqing Guo, "An Analysis of New Criteria for Permanent Observer Status on the Arctic Council and the Road of Non-Arctic States to Arctic," *KMI International Journal of Maritime Affairs and Fisheries*, Vol. 4, No. 2, 2012.

21. Per Erik Solli, et al., "Coming into the Cold: Asia's Arctic Interests," *Polar Geography*, Vol. 36, No. 4, 2013.

22. R Venkatesan, KP Krishnan, M Arul Muthiah, B Kesavakumar, David T Divya, MA Atmanand, S Rajan and M Ravichandran, "Indian moored observatory in the Arctic for long-term in situ data collection," *The International Journal of Ocean and Climate Systems*, Vol. 7, No. 2, 2016.

23. Sanjay Chaturvedi, "China and India in the Arctic: Resources, Routes and Rhetoric," *Jadavpur Journal of International Relations*, Vol. 17, No. 1, 2013.

24. Sanjay Chaturvedi, "India's Arctic Engagement: Challenges and Opportunities," *Asia Policy*, Vol. 18, No. 1, 2014.

25. Sarabjeet Singh Parmar, "The Arctic: Potential for Conflict amidst Cooperation," *Strategic Analysis*, Vol. 37, No. 4, July 2013.

26. Shailesh Nayak, "Polar research in India," *Indian Journal of Marine Sciences*, Vol. 37, No. 4, December 2008.

27. Shailesh Nayak, D. Suba Chandran, "Arctic: why India should pursue the North Pole from a science and technology perspective?" *Current Science: A Fortnightly Journal of Research*, Vol. 119, No, 1, 2020.

28. Shebonti Ray Dadwal, "Arctic: The Next Great Game in Energy Geopolitics?" *Strategic Analysis*, Vol. 38, No. 1, 2014.

29. Tatyana L. Shaumyan, Valeriy P. Zhuravel, "India and the Arctic: en-

vironment, economy and politics," *Arctic and North*, No. 24, 2016.

30. Uttam Kumar Sinha, "The Arctic: an antithesis," *Strategic Analysis*, Vol.37, No.1, January 2013.

31. Uttam Kumar Sinha, Arvind Gupta, "The Arctic and India: Strategic Awareness and Scientific Engagement," *Strategic Analysis*, Vol. 38, No. 6, 2014.

32. Uttam Sinha, et al., "The Arctic: Challenges, Prospects and Opportunities for India," *Indian Foreign Affairs Journal*, Vol. 8, No. 1, January - March 2013.

33. V Pronina, K Yu Eidemiller1, V K Khazov, A V Rubtsova, "The Arctic policy of India," *IOP Conference Series: Earth and Environmental Science*, Vol. 539, March 2020.

34. Vijay Sakhuja, "India and the Arctic: Beyond Kiruna," Policy Brief, Indian Council of World Affairs, 2014.

35. Vijay Sakhuja, "The Changing Arctic - Asian Response," *Indian Foreign Affairs Journal*, Vol. 7, No. 1, January - March 2012.

36. B Buzan, "New Patterns of Global Security in the Twenty-First Century," *International Affairs*, Vol.67, No. 3, 1991.

37. Christian Bouchard, "Research agendas for the Indian Ocean Region," *Journal of the Indian Ocean Region*, Vol.6, No.1, Jun. 2010.

38. Christian Bueger, Timothy Edmunds, "Beyond seablindness: a new agenda for maritime security studies," *International Affairs*, Vol. 93, No. 6, 2017.

39. David Brewster, "Australia and India: The Indian Ocean and the limit of strategic convergence," *Australian Journal of International Affairs*, Vol. 64, No. 5, 2010.

40. David Brewster, "An Indian Sphere of Influence in the Indian Ocean?" *Security Challenges*, Vol. 6, No. 3, 2010.

41. Donald L. Berlin, "India in the Indian Ocean," *Naval War College Review*, Vol. 59, No. 2, 2006.

42. Gurpreet S. Khurana, "India's Maritime Strategy: Context and Sub-

text," *Maritime Affairs*, Vol. 13, No. 1, 2017.

43. Dennia Rumley, "The Indian Ocean Region: Security, Stability and Sustainability in the 21st Century," *Journal of the Indian Ocean Region*, Vol. 9, No. 2, 2013.

44. David Scott, "India's Aspirations and Strategy for the Indian Ocean–Securing the Waves?" *Journal of Strategic Studies*, Vol. 36, No. 4, 2013.

45. David Scott, "India's Grand Strategy of Indian Ocean: Mahanian Visions," *Asia-Pacific Review*, Vol. 13, No. 2, 2006.

46. Gerelene Jagganath, "Maritime Security Challenges For South Africa in the Indian Ocean Region (IOR) :The Southern and East Coast of Africa," *Man in Indian*, Vol. 94, No. 3, 2014.

47. Gopal Suri, "India's Maritime Security Concerns and the Indian Ocean Region," *Indian Foreign Affairs Journal*, Vol. 11, No. 3, 2016.

48. Kamlesh K. Agnihotri, "Protection of Trade and Enengy Supplies in the Indian Ocean Region," *Maritime Affairs*, Vol. 8, No. 1, 2012.

49. Krishnappa Venkatshamy, "The Indian Ocean Region in India's strategic futures: looking out to 2030," *Journal of the Indian Ocean Region*, Vol. 9, No. 1, 2013.

50. Lee Cordner, "Rethinking maritime security in the Indian Ocean Region," *Journal of the Indian Ocean Region*, Vol. 6, No. 1, 2010.

51. Isabelle Saint–Mézard, "India's Act East policy: Strategic Implications for the Indian Ocean," *Journal of the Indian Ocean Region*, Vol.12, No.2, 2016.

52. Nong Hong, "Charting a Maritime Security Cooperation Mechanism in the Indian Ocean: Sharing Responsibilities among Littoral States and User States," *Strategic Analysis*, Vol. 36, No. 3, 2012.

53. Naidu GV, "India, Africa, and the Indian Ocean," *Journal of the Indian Ocean Region*, Vol. 9, No. 2, 2013.

54. Peter Lehr, "Piracy and maritime governance in the Indian Ocean," *Journal of the Indian Ocean Region*, Vol. 9, No. 1, 2013.

55. Rahul Roy–Chaudhury, "Maritime Cooperation in the Indian Ocean,"

*Maritime Studies*, 1998.

56. Sam Bateman, "Maritime security governance in the Indian Ocean region," *Journal of the Indian Ocean Region*, Vol. 12, No. 1, 2016.

57. Sing K R, "The Changing Paradigm of India's Maritime Security," *International Studies*, Vol. 40, No. 3, 2003.

58. Smruti S. Pattanaik, "Indian Ocean in the Emerging Geo-strategic Context: Examining India's Relations with Its Maritime South Asian Neighbors," *Journal of Indian Ocean Region*, Vol. 12, No. 2, 2016.

59. Shishir Upadhyaya, "Maritime security cooperation in the Indian Ocean Region: The role of the Indian Navy," *Australian Journal of Maritime and Ocean Affairs*, Vol. 6, No. 4, 2014.

# 网络资料

1. Amar Tejaswi, "Arctic Ice Melt Can Affect Climate in India, Say Experts," *DECCAN Chronicle*, November 22, 2013, http://www.deccanchronicle.com/131122/news-current-affairs/article/arctic-ice-melt-can-affect-climate-indiasay-experts.

2. Arvind Gupta, "India's Gains from Arctic Council," *The New Indian Express*, July 16, 2013, http://newindianexpress.com/opinion/Indias-gains-from-Arctic-Council/2013/07/31/article1709960.ece.

3. D Suba Chandran, "Why an Arctic foray is essential for India," *The Hindu BusinessLine*, September 28, 2019, https://www.nias.res.in/sites/default/files/Why%20an%20Arctic%20foray%20is%20essential%20for%20India%20-%20OPINION%20-%20The%20Hindu%20BusinessLine.pdf.

4. Dhanasree Jayaram, "India Reaches North for Energy Options as Arctic Ice Slowly Melts Away," *Global Times*, January 16, 2014, http://www.globaltimes.cn/content/837743.shtml.

5. Dinesh C. Sharma, "Stakes in the Arctic are High," *India Today*, June 15, 2013, http://indiatoday.intoday.in/story/stakes-in-the-arctic-are-

high/1/280258.html.

6. ET Bureau, "India begins importing LNG from Russia," *The Economic Times*, June 4, 2018, https://economictimes.indiatimes.com/industry/energy/ oil–gas/india–begins–importing–lng–from–russia/ articleshow/64449583.cms. 40.

7. Hari Pulakkat, "Geopolitical Race Between India and China, and India's Vulnerability," *The Economic Times*, Oct. 23, 2011, https://m.economic-times.com/geopolitical–race–between–india–and–china–and–indias–vulnera-bility/articleshow/10455653.cms?from=desktop.

8. Jacob Koshy, "India to expand polar research to the Arctic as well," *The Hindu*, July 19, 2018, https://www.thehindu.com/sci–tech/ energy–and–environ-ment/india–to–expand–polar–research–to–arcticas–well/article24463607.ece.

9. Kabir Taneja, "India Arrives at the Arctic," *New York Times*, May 20, 2013, https://india.blogs.nytimes.com/2013/05/20/india–arrives–at–the–arctic/.

10. Kabir Taneja, "Moscow: India's Ticket to the Energy Riches of the Arctic," *PRAGATI: The Indian National Interest Reiew*, April 4, 2014, http:// pragati.nationalinterest.in/2014/04/moscow–indiasticket–to–the–energy–rich-es–of–the–arctic/.

11. Nadezhda Filimonova and Svetlana Krivokhizh, "How Asian Countries Are Making Their Way into the Arctic," *The Diplomat*, October 29, 2016, https://thediplomat.com/2016/10/how–asiancountries–are–making–their–way–into–the–arctic/.

12. Prerna Madan, "Why You Should be Concerned About Oil Explora-tion in the Arctic," *Hindustan Times*, July 5, 2015, http://www.hindustantimes. com/world/why–you–should–be–concerned–about–oil–exploration–in–the–arctic/ story–kLqw9cfSCUbQB6JWLtkkbP.html.

13. Ramesh Ramachandran, "India, Norway for Joint Polar Research," *The Hindu*, February 7, 2011, https://www.thehindu.com/news/national/India–Norway–for–joint–polar–research/article15130758.ece.

14. Rashmi Ramesh, "India's Arctic Engagement: Shifting from Scientific to Strategic Interests?" *South Asian Voices*, September 25, 2018, https://south-

asianvoices.org/indias-arctic-engagement-shiftingfrom-scientific-to-strategic-interests/.

15. Sakhuja, "India and China in the Arctic: Breaching the Monopoly," Institute of Peace and Conflict Studies. May 18, 2013, http://www.ipcs.org/article/india/india-and-china-in-the-arctic-breaching-the-monopoly3936.html.

16. Sandeep Dikshit, "India Gets Observer Status in Arctic Council," *The Hindu*, May 16, 2013, http://www.thehindu.com/todays-paper/india-gets-observer-status-in-arcticcouncil/article4719263.ece.

17. Sanjay Chaturvedi, "Tiffin Talk: Geopolitics of Climate Change in the Arctic: Emerging Indian Perspectives," Australia India Institute, University of Melbourne, May 9, 2013, https://events.unimelb.edu.au/events/2989-tiffin-talk-geopolitics-of-climate-change-in-the-arctic-emerging.

18. Sean Durns, "India Moves on Long-Term Plans for Arctic Investment," Global Risk Insights, December 14, 2013, http://globalriskinsights.com/2013/12/14/india-moves-on-long-term-plans-for-arctic-investment/.

19. Shastri Ramachandaran, "India's Arctic Victory: A major Diplomatic Achievement," DNA, May 21, 2013, https://www.dnaindia.com/analysis/column-india-s-arctic-victory-a-major-diplomatic-achievement-1837429.

20. Shyam Saran, "India's Date with the Arctic," *The Hindu*, July 16, 2013, https://www.thehindu.com/opinion/op-ed/indias-date-with-the-arctic/article4915241.ece.

21. Shyam Saran, "India's Stake in Arctic Cold War," *The Hindu*, February 28, 2012, http://www.thehindu.com/opinion/op-ed/indias-stake-in-arctic-cold-war/article2848280.ece.

22. Shyam Saran, "Why the Arctic Ocean is Important to India," *Business Standard*, June 12, 2011, https://www.business-standard.com/article/opinion/shyam-saran-why-the-arctic-ocean-is-important-to-india-111061200007_1.html.

23. Sidharth Pandey, "India to Expand Engagement in the Arctic," NDTV, June 13, 2013, http://www.ndtv.com/article/india/india-to-expand-engagement-in-thearctic-379182.

24. SK Chatterji, "Narendra Modi's Active Indian Ocean Diplomacy," *The Diplomat*, March 23, 2015, http://thediplomat.com/2015/03/narendra-modis-active-indian-oceandiplomacy/.

25. Stephen Blank, "India's Arctic energy partnership with Russia," American Foreign Policy Council, October 24, 2018, http://www.afpc.org/publications/articles/indias-arctic-energypartnership-with-russia.

26. Uttam Kumar Sinha, "India Must Take Advantage of Moscow's Leverage in the Arctic Region," *Hindustan Times*, December 9, 2014, http://www.hindustantimes.com/htview/india-must-take-advantage-of-moscow-s-leverage-in-the-arctic-region/story-KmCi7zcLGKHlludlv GmD9I.html.

27. Vijay Sakhuja, "India and the Melting Arctic," Institute of Peace and Conflict Studies, January 31, 2013, http://www.ipcs.org/comm_select.php?articleNo=3804.

28. Vijay Sakhuja, "Indian Navy: Developing 'Arctic Sea Legs'," New Delhi: Society for the Study of Peace and Conflict. October 15, 2012, https://www.sspconline.org/index.php/opinion/IndianNavyDevelopingArcticSea-Legs_15102012.

# 网站

1. 和平与冲突研究所: http://www.ipcs.org/。
2. 印度观察家研究基金会: https://www.orfonline.org/。
3. 印度国防研究与分析研究所: https://idsa.in/。
4. 印度海事基金会: http://www.maritimeindia.org/。

# 印度官方文件

1. Government of Ministry of External Affairs, India, *India and the Arctic*, 2013.

2. Integrated Headquarters Ministry of Defence (Navy), *Ensuring Secure Sea: Indian Maritime Security Strategy*, 2015.

3. Integrated Headquarters Ministry of Defence (Navy), *Indian Maritime Doctrine 2009* , 2009.

4. Integrated Headquarters Ministry of Defence (Navy), *Freedom to Use the Sea: India's Maritime Strategy*, 2007.

5. Ministry of Defence. Government of India, *Annual Report 2002-2020*.